國家圖書館出版品預行編目資料

數量方法／葉桂珍著.－－初版八刷.－－臺北市：三民，2007
　　面；　　公分
　　參考書目：面
　　ISBN 957-14-1907-9　（平裝）

　　1.企業管理

494.1　　　　　　　　　　　　　　　　81004905

ⓒ 數 量 方 法

著作人　葉桂珍
發行人　劉振強
著作財　三民書局股份有限公司
產權人　臺北市復興北路386號
發行所　三民書局股份有限公司
　　　　地址／臺北市復興北路386號
　　　　電話／(02)25006600
　　　　郵撥／0009998-5
印刷所　三民書局股份有限公司
門市部　復北店／臺北市復興北路386號
　　　　重南店／臺北市重慶南路一段61號
初版一刷　1992年10月
初版八刷　2007年1月
編　號　S 510120
基本定價　伍元貳角
行政院新聞局登記證局版臺業字第○二○○號

http://www.sanmin.com.tw　三民網路書店

大學用書

數量方法

葉桂珍著

學歷：國立臺灣大學商學系工商管理組學士
美國賓州州立大學應用數學系碩士
美國哥倫比亞大學作業研究碩士、博士
現職：國立成功大學企業管理系暨研究所教授

三民書局 印行

序

　　一些細心的讀者可能會發現很多企管領域的書籍，皆涵蓋數量方法的應用章節，比如生管的存貨系統規劃，財管之使用數學規劃於投資組合分析、策略規劃之使用目標規劃於策略的選擇……等等。既然我們可以在這些企管領域的書籍學到相關之數量方法，是否就表示我們不必修習數量方法這門課程了？其實，這就像我們學習游泳一樣，如果沒有學習換氣與打水，學到的也只不過是所謂的〝狗爬式〞而已。因此，也惟有對數量方法預作學習，才能使我們在企業各領域應用數量方法時，更能觸類旁通，不致將自己局限於某個狹隘的領域。

　　再過數年，臺灣將邁入已開發國家之列，但大多數人乃至大部分企業，在處理事務時，仍習慣採取直覺判斷法，使得社會秩序益形紊亂，缺乏長遠的整體規劃目標。學習數量方法的另一個主要目的，即冀望透過各種數量模式的學習，讓學習者除了使用經驗法則外，能以更系統、理性與科學的方法，去處理各種管理問題。易言之，方法的演練只是一個過程，培養學習者一種對人對事嚴謹的科學態度，才是研習數量方法這門課程的主要目的。

　　本書之成，雖已盡力，由於時間倉促，錯誤之處，仍恐難免，尚祈先進不吝賜教指正，筆者當感激不盡。

葉桂珍謹識

民國八十一年七月廿八日

內容簡介

數量方法(Quantitative Methods)，顧名思義，凡以數學方法解決問題者，皆謂之。因此，**多變量分析、統計方法、作業研究**皆屬之。不過，**多變量分析**與**統計方法**一般皆歸類於**應用統計**，而一般所謂的**數量方法**乃指各種作業研究之方法與模式。事實上，在今日，**數量方法**與**作業研究、管理科學**及**決策科學**皆是同義詞，而以這些名稱命名的書籍，內容也都大同小異，皆以介紹各種發展已臻成熟的數量模式爲主。

數量方法大致上可分爲確定性(Deterministic)及機率性(Probabilistic)兩大模式。凡模式內所使用之相關資料皆爲已知且確定者，爲確定性模式，否則爲機率性模式。本書在確定性模式方面，以介紹線性規劃問題及其解決方法爲主；而在機率性模式方面，則分別介紹了決策理論、存貨模式及等候模式。此外，我們也介紹了 PERT 及 CPM 網路模式之應用(PERT 之資料牽涉到機率性；而 CPM 之解決過程須使用線性規劃模式)，以讓讀者了解一個管理問題之解決，有時須同時使用到機率性與確定性方法。

在順序上，我們先介紹決策理論(第二章)，因爲在這方面，有些決策標準，是以主觀判斷者，比較容易引導讀者入門。其次是存貨模式(第三章)、等候模式 (第四章)、最後是線性規劃模式 (第五章) 及其解決方法——圖形法 (第六章) 與單形法 (第七章)。越往後之章節所介紹之方法，數學結構越明顯，亦即所需要的數學假設越多，使用限制也越嚴格。本書以三章之篇幅 (五～七章) 介紹線性規劃問題之應用與解法，乃因數量方法之蓬勃發展導源於 1947 年，喬治·坦茲格對線性規劃問題提出建設性之解法——單形法，而至今日，由於個人電腦的發明，該法更廣被使用於各種企業問題之分析。尤其，線性規劃問題具有目標函數及限制式，而目標與限制正是各種企業問題的規劃重點，因此了解線性規劃問題的形成過程與解決途徑，更有助於學習及了解數量方法的眞諦。故本書以三章之篇幅介紹之。而第八章，則介紹 PERT 及 CPM 之專案管理方法。

在程度上，本書之編排係針對一學期之大專課程而設計，故儘量講求簡單明瞭。適用於商學、企管、工管、經濟及工業工程等科系之用。在數學部份，本書皆以敍述性的說明取代理論證明，讀者僅須俱有初級統計及高中代數方面的知識，即可明瞭各數學公式之意義及其使用方法。尤其本書乃採問題導向之學習方式，亦即每次在介紹一種數學模式前，皆先提出問題，再從解題中導出該模式的應用程序，使讀者能於思考問題的同時，學到該數量方法。在事事講求效率的企業界，這樣的學習方式，比較能爲企業人士所接受。

本書教材內容的取捨，當然可由任課老師自行決定，比如欲加強線性規劃者，可從第五章著手。事實上，本書各模式皆是獨立的，不必按照章節順序授課。不過，由於篇幅之限制，本書割捨了不少較專業性或技術性的數量模式。如模擬法、馬可夫鏈、動態規劃、網路流量、遊戲理論、預測方法、目標規劃、整數規劃及運輸問題的特殊解法等。事實上，這些都是數量方法書籍中，很常見的模式，在實務上，也都各具應用價值，有興趣的讀者可另行參閱較高階之數量方法書籍。

目　錄

第二章　決策理論

第三章　存貨模式

第四章　等候模式

第五章　線性規劃

第六章　線性規劃圖解法

第七章　單形法

第八章　計劃評核術與要徑法

第一章
數量方法導論

§ 1-1　緒論

　　資源缺乏、通貨膨脹、經濟蕭條期的延長、社會與環保問題、競爭之加劇、與日俱增的人口……，現代企業的經營環境比起工業革命前，是複雜多了。在此日趨複雜的經營環境下，使用直覺法、觀察法或經驗法等主觀判斷法所作的決策並無法有系統地了解與解決問題，很難提升管理決策的品質。數量方法(QM; Quantitative Method)的主要原則是以合理的、系統的與科學的方法處理管理決策問題。這樣的分析過程將增加管理者選擇正確決策的機會。本書的目的，即在介紹一些發展已臻成熟的數量方法與技術，使管理者得據以評估、分析與作決策之用。

§ 1-2　數量方法的起源

　　數學的應用在人類歷史上，已有千年歷史。但在管理方面，數學或數量方法之使用，只是近百年來的事。在十九世紀末，美國一位名叫**佛來得瑞克·泰勒**(Frederick Tayler)的工程師首先將科學方法使用於製造過程上。他以所謂的時間研究法(Time Studies)去評估工人的表現與分析工作的程序。泰勒因之被稱為科學管理之父。同時期的另外一位管理學家亨利・甘特(Henry Gantt)，則在機器排程系統方面有重大的貢獻。之後，在 1915 年，福特・海瑞斯(Ford Harris)發表了一個簡單的整批進貨(Lot-size)模式，此模式至今仍廣被使用。在企業問題方面，郝瑞斯・賴明森(Horace Levison)於 1930 年代，首先將複雜的數學模式使用於行銷問題上。賴明森所探討的問題為廣告與銷售的關係，及所得與顧客住所對購買行為的影響。

　　雖然早在 1940 年以前，即陸續有上述的科學管理方法被發表，數量方法真正成為一個專門的研究與訓練領域，則是第二次世界大戰以後的事。其起源於英國指派一羣專家研究雷達的效率、反潛艇戰略、國民兵的防禦及護航艦的安排等軍事問題。這羣專家的分析，對英國本土及北大西洋戰事的勝利，提供了很大的助益。這羣專家的成員包括了四位物理學家、三位生理學家、二位數學家、一位軍官及一位調查員。這種由不同訓練背景的成員所組織的團隊研究方法，正是數量方法的特性之一。事實上，在當時，數量方法一般以「作業研究」(OR; Operations Research)或「管理科學」(MS; Management Science)稱之，亦有以決策科學(DS; Decision Sciences)、數量分析(QA; Quantitative Analysis)稱之者。在今日，這些名詞皆可通用之。英國將作業研究方法運用於戰略規劃的成功經驗，促使美國於其軍事機構中，成立了所謂的「作業分析」小組，此小組的成員，包括了數學、統計、機率、電腦等各個不同領域的專家。此即是作業研究或者數量方法的濫觴。

§1-3　數量方法的發展

　　在戰後，數量方法仍局限於軍事領域的作業分析，美國工商界之管理者，並不認為這類新技術可使用於企業問題上。直到 1947 年，喬治・旦茲格(George B. Dantzig)[5]發展了線性規劃模式，才改變了這種觀念。且茲格的線性規劃模式，是以線性代數的方法，試圖找出資源分配的最佳途徑。很明顯的，這類方法可使許多企業問題獲利，工商界也才開始體認到數量方法與工業界或多或少的關係。另一個使非軍事數量方法得以被接受的原因，乃是高速電腦的發展與製造。由於新一代電腦不斷產生，使得很多以往無法或費時過久的運算，可在短時間內解決，數量方法在工商界的價值，才開始被認同。

在1950年代，數量方法的發展漸成氣候，一些專業性學術團體，紛紛成立。最早為「作業研究學會」(Operational Research Society)，1950年成立於英國；其後有「美國作業研究學會」(ORSA; Operations Research Society of America, 1952)，「管理科學學會」(TIMS; The Institute of Management Science, 1953)，及「決策科學學會」(Decision Sciences Institute, 1969)等學會相繼成立。除了舉辦定期與不定期的研討會外，這些學會並分別定期發行刊物，以促進這門學科的發展，其研究的領域為以數量方法來作成決策的科學，包括實務上的應用與理論方法的探討。國內則於民國六十二年成立了「管理科學學會」。不過國內所謂的「管理科學」一詞涵義較廣，任何以科學方法做成決策之相關學問皆謂之，因此經濟、統計、會計、財務、生產、人事、行銷、應用科學及行為科學等所有企業相關問題，皆在其研究範圍內。

在1950年代，數量方法的使用，大部分局限於結構性問題，使用層次較低。1960年以後，漸漸提升到規劃類、非結構性與不確定性的問題，較符合實際。在1970至1980年，更進而與「管理資訊系統」(MIS; Management Information System)相結合。MIS資料庫系統(Data bases system)的發明，使得經常性的數量決策分析變為可行，而產生了一種特殊的資訊系統——即所謂的「決策支援系統」(DSS; Decision Support System)，如今日頗為流行的展開式系統(Spread sheet system)-Excell或LOTUS-123等，皆可於其系統上，使用某些數量模式，其支援的層次，部分已達到高階管理之階段。1980 年代末期，「專家系統」(ES: Expert System)及「人工智慧」(AI; Artificial Intelligence)已成為 MIS 及電腦界的熱門話題。「專家系統」考慮的是人類的專業知識；「人工智慧」更進一步試圖創造出「人腦的電腦」；而數量模式或方法，則可提供這兩者「直覺式的解決程序」(Heuristic solution procedure)。未來，數量方法與人工智慧的發展，應有密切的關係，我們且拭目以待。

§1-4　數量方法的特性

如前述，數量方法是以科學態度來作管理決策。因此，猜測性、情緒性或衝動性的決策方式，皆不在數量方法之內。不過，這樣並不意謂在解決問題時，不須顧慮非數量的因素。事實上，任何一位管理者，在作決策時，皆須考慮到「屬量」(Quantitative　factors)與「屬性」(Qualitative factors)兩方面的因素。比如，買賣股票時，上市公司的財務比率是屬量因素，政府的融資、融券政策是屬性因素；選擇投資組合時，銀行利率、股票與房地產的報酬率，是屬量因素，可以數量方法求得，而個人的投資風險與工具選擇偏好，則是屬性因素；新產品上市時，潛在購買力的預測，可以數量方法為之，但是上市時間、配銷通路、產業環境等，卻是必須考慮的屬性因素……。

由於屬性因素的重要性，數量分析方法在決策過程中所扮演的角色，有主導性與輔助性的不同。比如，銷售或產量已趨穩定的產品，其每季原料需求變化不大，供給穩定，無特別的屬性因素，數量方法中的存貨控制模式，即足以決定訂購時間與訂購量。然而，針對新產品而言，一些屬性因素，如消費者偏好、競爭者策略、供應商之配合度等，皆在未定之數，管理者只能且戰且走。在此情況下，銷售預測、市場區隔等數量分析結果, 僅能作爲輔助資訊, 支援管理者作決策。因此, 與其說數量方法是科學方法(Scientific method), 倒不如說它是一「系統方法」(Systematic approach)。因爲科學方法講求的是特定問題的解決, 而系統方法則強調應用科學方法達成系統目標。

　　「系統」一詞, 在今日已廣被使用, 如電腦系統、神經系統、政治系統、太陽系統等。在企業中, 我們所謂的系統是指某些部門或子系統, 爲達成共同目標, 所組合的體系。如存貨系統, 其目的在控制存貨之進出, 以滿足產品之需求水準, 並使總存貨成本爲最低; 其相關部門包括行銷、生產、會計、採購、倉儲、企劃等。存貨系統目的之達成, 端賴這些部門的配合。而在組織結構上, 就各部門而言, 企業組織爲一總系統; 而就整個產業而言, 企業組織則成了一子系統(Subsystem)。如前述之存貨制度, 對內爲一總系統, 可影響各部門之功能; 對外爲一子系統, 可影響市場之價格與供需量。企業問題錯綜複雜, 環環相扣, 各部門有不同的功能, 沒人能全盤了解問題的解決途徑。爲達到系統分析的目的, 數量方法強調團隊合作的作業方式, 其成員應包括會計、生產、人事、財務、數學、統計、行銷、電腦、工程、行爲科學等不同領域的專家。

　　數量方法始於資料的蒐集、資料本身並不會說話, 須經過處理, 轉換成資訊, 才能表達其在決策分析中的價值。這個處理的程序, 是數量方法的重點, 其內容包涵甚廣, 至今仍無定論。不過, 資料的整理方法, 皆於資料的蒐集與分析之專書中有所說明, 讀者可另行參閱。

　　大體上, 數量方法的相關書籍(包括本書), 皆以介紹一些在實務上, 較常使用的數量模式爲主。雖然如此, 但是只要是以數量技術作爲分析工具者, 如目前實務上普遍使用的直覺法(Heuristic approach), 皆爲數量方法的範疇。此外, 使用電腦作運算, 已是數量分析人員必備的知識。根據畢斯里(J. E. Beasley)[2]在 1984 年於《作業研究學會期刊》

(*Journal of Operational Society*)之調查報告指出,所有較年輕的數量分析人員,其所從事的工作皆與電腦運算相關。

綜合上述,我們可將數量方法的特性綜合如下:

(1). 以系統觀念審視問題

(2). 以科學方法找出解決途徑

(3). 使用團隊合作方式(Team approach)

(4). 使用數學模式

(5). 使用電腦運算

§1-5　何謂模式

使用數量模式是數量方法的特性之一,數量模式的建立,更是數量方法的基本步驟。但何謂「模式」或「模型」(Model)呢?

一般而言,模型是實際現象或物體的選擇性縮影。我們在此加入「選擇性」的原因,乃因實際現象錯綜複雜,難以進行分析,針對不同的使用目的,透過模型所表示的實際現象已被理想化、簡單化了。一個好的模型應能真正顯示實際現象的主要特色,以利探討個別因素間的關係。模型一般以圖形、符號及實體表示之。依照表示方式之不同,模型大致上可分成下列三類 (如圖 1-1):

(1). **圖像模型**(Iconic model):以實體表示實際的物體。此類模型與實際物體相類似,是實際物體的具體縮影,如飛機模型、汽車模型、建築模型或藍圖、地圖、地球儀等。

(2). **類比模型**(Analog model):以某種特別的方法或形式來表示實體的某種特性。如比例尺以數值表示實際距離、溫度計以水銀柱表示體溫的高低、銷售報表以統計圖表示銷售業績,而電腦程式以流程圖表示運算的過程等。

(3). **符號模型 （Symbolic model） 或數學模型 （Mathematical model）**：此模型嘗試以數學符號、公式或模式，來表示非數學的實象。如伽利略以 $D=\frac{1}{2}gt^2$ （D 為距離，g 為加速常數，t 為時間）計算物體受地心引力影響所滑落的距離、經濟學上以坐標方式表示市場的供需量與價格的關係、財務學上以簡單公式計算損益平衡點、及本書將介紹的各種數量方法等。在管理上，這類模型一般以數量模型（Quantitative model）稱之，舉凡以統計或數學方法解答者，皆包括之。這類模型是數量方法的精髓，在確立數量模型後，分析人員即可據以作深入的數學分析。雖然 Model 可翻譯為模型或模式，但在中文裏，由於模型通常指較具體之物，而像數學公式或符號抽象模型，似以模式稱之，較為妥當。故本書以後介紹各種「Model」時，皆稱之為「模式」。

圖像模型　　　　　　類比模型　　　　　　數學模型

min: $3x+2y$

s.t.: $zx+y\geq10$

　　　$x+5y\geq14$

　　　$x,y\geq0$

飛機模型　　　　　　比例尺　　　　　　線性規劃問題

圖 1-1　模型之分類

「模式」是數量方法的主要工具，其功用與限制是數量分析人員所必須了解的。先就功能而言，數量模式以數學符號及公式，具體地將複雜的事象表示出來。以其作分析運算，可使研究人員更易於探討各因素間的相互關係，及在計劃正式施行前，進行 What-If 的模擬實驗，以探測計劃的可行性。但是數學方法的使用，有其限制。任何數量模式皆無法表示出實象的所有特性與不確定性，即使作如此的嘗試，也將因模式的過於繁瑣而無法應用。另一方面，模式過於簡化或者加入其他假設，難免使模式違背原題，甚至無法付諸實行。

事實上，模式的建立是藝術而非科學，除了瞭解各模式的假設、限制與使用條件外，還須對數學式子間的交互關係有使用經驗，並不斷作練習，才能建立好的模式，純方法與科學技術是不夠的。因此，除了少數標準數量模式，可使用於某些較常發生的問題外，大部分的數量模式，都是因勢、因時制宜，依據各組織之經營目標、規定與限制，特別設計而成。此外，隨著模式的越趨複雜，所加入的人為因素也越多。這意謂著管理者的經驗、判斷與智慧是平衡數量方法的要素，也表示模式的建立，同時需要想像力與技術知識(Technical know-how)，並非純由數學主導。

一般而言，模式的使用，在數量分析過程中，通常是必須的（雖然非絕對必要）。而其建立之方法，大致上可依下列步驟為之。

(1). **探討企業內外的環境因素**：尤其應針對問題，了解那些是可數量化，那些是無法數量化的因素，即探討屬量與屬性因素。比如存貨問題、訂購量、訂購點是屬量因素；而部門間的利益衝突，如行銷部門希望增加存貨以減少缺貨的情形，但倉儲部門則希望減少存貨以降低營運成本，則為屬性因素，難以數字衡量。此外，競爭者策略、供應商之配合或製造技術的突破等非數量因素，亦需考量之，否則所求得的存貨分析結果，可能不切實際。

(2). **將問題模式化**：包括假設與簡化問題。在此階段，可使用文字敍述使問題明朗化。如前述存貨問題，由歷史資料得知往年需求量在 400 至 700 單位間，則可假設未來之需求量亦大致在此範圍內; 在規劃其目的時, 則可簡化爲在缺貨情形爲5%以下時, 應如何決定訂購點及訂購量, 以使成本爲最低。

⑶. **將模式數學化及數據化**: 即找出變數間的關係, 並以數學式子表示之。如存貨問題, 在假設每年之倉儲成本會隨著年平均存貨量而固定增加時, 可使用線性方程式表示之。至於存貨模式所需之數據, 如電話費、手續費等訂購成本, 及倉庫費用等, 可透過會計部門提供, 經分析人員估算而得。

雖然建立模式, 可依上述步驟爲之, 事實上, 其分野並不如此明顯。比如問題之模式化、數學化與數據化可同時爲之, 有經驗的分析人員, 甚且可先將問題模式化後, 再考慮其他非數量之環境因素。初學者, 應由簡單模式著手, 盡量簡化, 然後再逐步減少模式之假設與限制。摩里斯(William T. Morris)[8]在其書中, 對模式的建立, 指出下列三原則, 可供吾人參考。

⑴. 儘量將一問題分成小問題, 分別解決, 再綜合討論原來問題之目的。

⑵. 翻閱相關問題之解決文獻, 如有類似的模式, 可模仿使用之。由他人的求解經驗, 亦可啓發自己的思考方向。

⑶. 儘量由特殊問題著手, 再逐步予以一般化。如存貨問題, 可先假設每日需求爲固定, 求出結論, 再考慮隨機需求的情況等。

§1-6　數量方法的執行

建立模式爲數量分析過程中的重要步驟, 不過, 一個完美的數量計劃, 還需要其他方面的配合, 如資料的選取、模式的檢驗、結果的回饋等。一般言之, 數量方法的執行步驟, 可依下列步驟進行之(如圖1-2):

⑴. **確定問題**: 儘量將問題或研究對象, 以明確的方式表示出來。

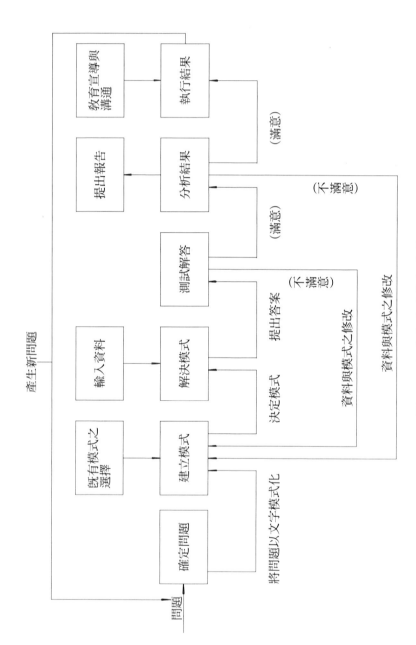

圖 1-2 數量方法的執行步驟

比如改變存貨制度的目的，是爲了避免缺貨情形的發生？抑或是爲了配合生產部門的排程？前者乃在於提升服務水準，改變企業形象，而後者偏重生產成本的考量與組織協調。不過，分析人員也不能因爲過於強調某個特定目標，而漠視其他利益。比如降低成本與提升服務水準，是相斥的目標，但特別強調任何一方面，都會損及企業整體利益，不可不慎。問題如能數量化，是最理想的，否則應發展一套可衡量的標準，以確定問題何在。比如，服務的水準，可設立消費者信箱，由投訴的信件中得知缺貨或顧客抱怨的比率數據，作爲評估之標準。

(2). **建立模式**：模式的建立，已於前節中詳細敘述，不再於此贅述。主要仍須從現有或曾使用過的模式中著手，如果皆無適合之模式，再參酌相關文獻，發展新模式。

(3). **解決模式**：模式的求解，需要正確的方法與輸入資料。一般而言，數量模式的解決，可循分析法(Analytical method)，模擬法(Simulated method)或者直覺解法(Heuristic method)爲之。分析法有嚴格的學理證明，可導出模式的最佳解及最佳決策，不過其假設太多，使用上有很多限制，如單形法(Simplex method)可快速求得線性規劃問題(Linear programming)之最佳解，但其模式假設所有的變數間的關係皆爲線性，俱非線性關係者即無法使用。模擬法可說是實際現象的複製，其將眞實世界所觀察到的特質，以某種數學方程式表示之，並輸入各種決策資料，驗算各可能方案，以由其中擇一最佳者爲最適方案。模擬法無理論證明，可說是一種試誤(Trial and error)的方法，其求解過程簡單，可適用於任何決策過程，但很費時，所求得的解也不一定爲最佳。直覺解法可說是介於分析法及模擬法間的一種方法。因其仍使用分析模式，但其求解過程不需有嚴格的收斂證明，可以直覺判斷其過程為正確，另一方面，其解也僅近似於問題的最佳解。動態規劃法 (Dynamic programming)，即為直覺解法之例證。

在資料輸入方面,分析法及直覺法僅需輸入固定參數之值，而模擬法需同時輸入參數及各種決策方案之資料; 所輸出的資訊, 前兩者為目標及各決策變數之值, 而後者僅有目標值或者相關之參考數據, 亦即模擬法之決策資料, 須由使用者提供。各項輸入資料, 可參考會計、生產、行銷、工程等部門之實際營運資料, 整理而得。原始資料(Original data)通常無法逕使用於模式分析中, 一般需經分析處理後才可使用, 比如原料的供給, 需剔除因罷工而產生的特異情況。正確資料的取得, 是整個模式運算成功的關鍵, 不可不慎。此外, 電腦的使用已成為解決模式的必備工具。

(4). **測試解答**: 在理論上, 模式應經過驗證, 才可正式使用; 但在實務上, 模式是很難, 甚至是不可能驗證的。一般而言, 有歷史資料者, 可與過去的經驗相比較; 無歷史資料者, 須賴主觀判斷答案的合理性(Reasonableness)。比如存貨問題, 如果模式所得之解, 其總成本大於會計部門所記載之去年成本, 或者其成本僅及往年之十分之一, 則可能是資料錯誤或模式選取不當。此外, 不同來源之資料, 亦可作為比對之用。比如資料如果是經由面談取得,則另外可嘗試電話抽樣或直接估計的方法。並以統計法, 測試各種資料及結果之差異。如果答案之測試不盡滿意, 則須修改或者更換模式, 再求解、驗證之, 以達合理之結果為止。

(5). **分析結果**: 模式的解決, 意謂著組織在其經營方法上, 須作某些調整。但模式僅是實際世界之簡化, 無法包涵所有不確定因素，因此，模式經驗證後，仍須分析各種情況或資料改變對模式之影響，以使管理者在調整其經營方法時，更具彈性。比如以存貨模式求出訂購量及訂購點後，應該再考慮如果需求量之估計有 20% 之誤差時，結果會如何？或者供應商延誤供貨時間時，應採取什麼樣的對策？模式應作何修改？……。這類分析稱爲敏感度分析(Sensitivity　analysis)或最佳解後分析(Post-optimality analysis)。如果答案對資料或模式之改變很敏感，則分析人員須再加強答案之測試，甚至修改或更換模式，以確定所使用的模式及資料可行。在各類相關結果經分析無誤後，研究人員即可將分析過程、結果及注意事項等，彙總成書面報告，提供管理者決策之用。

(6). **執行結果**：模式經分析無誤後，必須確實執行，並能解決問題，才算完成。但可惜的是，很多實例顯示，由於政治因素、心理障礙及分析與執行人員間缺乏溝通等原因，使得即使有很好結果之模式，也無法實施。因此，執行模式之敎育、宣導與溝通，在此階段是很重要的。執行結果後，並須作追踪整理。經時日久，配合經濟波動、需求改變、主管要求等因素，模式須作適時與適度修正。如果有新問題產生，則須重新界定問題，以求適用。

§1-7　數量方法與企業各部門功能之關係

　　數量方法與各部門功能之關係，可由兩方面討論之：數量模式需要各部門提供資訊、策略及指示等的分析資料；而各部門皆有某些問題，可使用數量方法解決之。其間之關係，討論如下：

(1). **會計財務**：數量分析系統對會計財務部門之貢獻，包括基本的資料分析、報表編製、會計系統自動化等，及較需使用數學模式之財務規劃、投資組合分析、審核人員編派及會計公司目標規劃等。數量分析人員則需要財務人員提供長短期資金需求、使用限制及資金流動政策等資料作規劃分析，以期能確實反應實務於理論模式中。

(2). **行銷**：數量方法在行銷研究上之應用，包括產品之組合、選擇、及需求預測等；在廣告分析方面，可幫助選擇低成本、高曝光率之媒體；在運銷方面，則可用以決定倉庫之地點、大小及至零售店之運送路線，並可分配推銷人員所應負責之客戶、地區及旅行途徑等。另一方面，行銷人員有提供數量分析人員各項行銷資料之任務。

(3). **生產與作業**：生產與作業部門大概是最常使用數量方法之部門，其使用者涵蓋上、中、下三個管理階層。在上層策略管理階級(Strategic level)，數量方法可用於決定工廠地點、設計配銷體系或模擬服務系統等；在中層經營管理階級(Tactical level)，則牽涉到存貨政策及生產規劃之分析；在下層作業管理階級(Operational level)，則使用於生產排程、人員分配或搬運車流程之製定等。此外，統計方法也經常使用於品質控制之研究上。而生產作業人員除提供數量分析人員相關之作業資料外，亦應允許與配合分析人員於工作現場作記錄。

(4). **行為科學**：行為科學家以數量方法分析組織及人類行為，並提出結論。而模式的解答，意謂著組織內，某些部門功能之調整。因此，數量方法之運用，須建立於行為管理之基礎上，才能成功地解決實際問題，完成任務。比如存貨控制制度的推行，如果各部門間無一致的共識，將會互相推諉責任，無法達到數量模式所制定之目的。

(5). **資訊系統**：雖然有人不認爲資訊系統是企業的部門功能之一，但不可否認的，它在企業戰略與競爭活動上，有著逐漸重要的角色。尤其是資訊系統加上數量方法所衍生的決策支援系統，更使得管理者在製定決策時，如虎添翼。數量方法提供更多的支援模式；而資訊及資料庫系統提供這些模式，即時的資料及隨時回應決策需求之能力。比如財務規劃上的 What-If 分析、MRP 材料系統分析，行銷策略支援系統及人力資源系統管理等，都是決策支援系統之應用實例。資訊系統、數量方法與決策支援系統間之交互關係(Interface)，可以圖 1-3 表示。

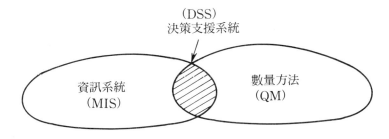

圖 1-3 資訊系統與數量方法之交互關係

　　卡特(M. P. Carter)[3]於其調查報告中，將部門功能分爲行銷、生產、財務、人事、行政、技術、管理及服務八大類，並以五點量表測量各部門人員使用數量方法之情形。1 爲極少使用，而 5 爲極常使用。其調查對象爲作業研究學會之會員。調查結果，統計如表 1-1。由表中可發現，管理部門最常使用數量方法，而人事部門較少使用，不過其平均點數也在 2 分以上。

部門	使用情形（平均點數）
行銷	2.6
生產	2.8
財務	2.8
人事	2.1
行政	2.5
技術	3.2
管理	3.5
服務	2.3

表 1-1 數量方法在各部門之使用情形

（1：極少使用， 5：極常使用）

§1-8 數量方法在組織內的定位與發展

由數量方法的執行步驟，我們知道，問題的發生先於數量方法，而問題的解答，總會使組織內部，作某些改變。因此，數量方法是由困惑到了然，由雜亂到有緒，由無解到有解的過程，可說是一種革新(Innovation)。引進年數是組織接受這種革新的要素，引進年數越長，接受性也就越高。畢恩(A. S. Bean)[1]等人於其書中曾提到，組織內數量方法的發展，可分爲六個階段：

(1). **初步構想(Prebirth)**：組織內數量方法的發展，始於某些成員對數量方法的信仰，並想說服其他成員使用後的好處。這種想法並不一定產生在組織經營有困難時，可源自其他企業成功的使用經驗、相關文獻所引發的靈感，或者根本是苦無客觀的解決方法時所想到的對策……。總言之，必須有倡導者，另外更重要的，是必須有高階管理者之支持，才能使數量方法的發展脫離構思的階段。因此，對高階主管進行說服的工作，是必須的。

(2). **傳道(Missionary)**：在此階段，組織可引入一、兩位數量分析人員，嘗試轉化構想為行動，並徹底地宣傳使用新技術的好處。但不幸的是，正如傳教士之不受歡迎，很多數量方法之提案，皆於此階段，胎死腹中。同樣地，高階管理者在此階段之支持，是使數量方法得以步入下一個階段的原動力。

(3). **組織發展(Organization development)**：這階段是數量分析人員與使用部門展開討論之階段。由商討中，可先取得一些小計劃，作為模式應用之入門。下列諸點，是此入門階段所應注意的事項。

　　A.正式成立數量分析中心，其設置地點應在組織之重心位置上，以表示成立之決心。

　　B.首先實驗的計劃應該是符合模式之使用標準，且可在短時間內顯示效益者，如存貨控制模式。

　　C.逐漸減少高階主管的扶持。

(4). **專案計劃之進行(Sophisticated projects)**：在此階段，數量方法已由標準模式的執行中，獲取相當成果，數量分析人員可著手進行較複雜的專案分析，如數學規劃模式的應用等。

(5). **成熟期(Maturity)**：數學模式的使用，在此階段已成為組織內經常性的工作，新技術的引進，不再困難重重。

(6). **擴展期(Diffusion)**：在最後也是永久的階段，數量方法已能普遍使用於組織內各部門，不再是某些工作小組之專利，也不再需要高級主管的支持才能進行分析工作。事實上，資料顯示，在使用數量方法之公司中，設有數量分析部門者，僅佔半數以下(48%)，和以往比較，正逐漸在減少當中。這意謂著，在今日，數量方法之應用正融入組織內各部門功能當中。而這種發展趨勢，更可以大大改善研究發展(R&D, Research and Development)方面，一直爲人所詬病的問題——分析與管理人員間的對立立場與缺乏溝通。

雖然上述之發展行爲，是建立於美國式企業之組織上，臺灣之企業組織仍可採用之。不過，筆者認爲臺灣之企業文化異於美國，尤其是中小企業迷信直覺判斷，數量方法之採用，阻力更大。在開始之遊說階段，數量分析人員之工作將會非常艱辛。筆者建議，有興趣於數量分析工作者，不必過分鼓吹數量方法的優點，而應身體力行。可於業餘之暇，研究數量方法使用於自己工作上之可行性，並嘗試採用標準之數學模式於簡單之問題上，如存貨模式、模擬方法之應用等。俟研究有正面的結果時，再以書面報告分析模式使用前後之差別，以採信於主管。在獲得高階主管之支持後，自然利於數量方法在組織內之定位及往後之發展。易言之，筆者建議在凡事講求成本效益的中小企業經營環境中，數量方法在組織內之發展，可始於上述之第三個階段，且無必要成立數量分析中心，即使爭取成立，也只能在有具體成果時，方能爲之。

§1-9 數量方法的內容

數量方法的內容，一般以各種數量模式之介紹爲主。本書以後章節，將介紹一些較常使用的模式，並列舉應用範例，以引導讀者入門。不過，讀者如翻閱相關文獻，會發現數量方法變化很多，範圍很廣，任何一個案例皆可作爲學習範例與研究題材，遠超過本書所介紹者。

福吉涅(G. A. Forgionne)[7]於 1983 年針對美國 500 大公司使用數量方法之情形，進行調查，有 125 家公司回函。這些公司根據調查表上所列示的數量方法，依照從未、普通及極常使用三種分類，填寫使用情形，其統計結果如表 1-2。

使用情形（佔回函公司之百分比）

方　　　　法	從未使用	普　　通	極常使用
統計分析	1.6	38.7	59.7
電腦模擬	12.9	53.2	33.9
PERT／CPM 網路分析	25.8	53.2	21.0
線性規劃	25.8	59.7	14.5
排隊理論	40.3	50.0	9.7
非線性規劃	53.2	38.7	8.1
動態規劃	61.3	33.9	4.8
競賽理論	69.4	27.4	3.2

表 1-2　福吉涅所調查之美國 125 家大公司使用數量方法之情形

　　前面已經提過，數量模式的解決方法，有分析法、模擬法及直覺法三種。如果從決策環境或者資料的確定性與否來看，則數量問題可分為確定性問題（Deterministic）及機率性問題（Probabilistic，亦可稱之為 Stochastic）兩種，因而在模式上，亦可作同樣的分類。如果模式內所使用之相關資料皆為已知且確定，則為確定模式；否則，為機率模式。高得（E. J. Gould）[6]等人，即於其書中將模式分為確定與機率兩類，並列出各模式之使用情形，如表 1-3。這些統計，也是自美國大公司中，抽樣調查而得。由這兩個表中，可看出本書將介紹的數量模式，已被美國大公司廣泛採用。此外，這些調查都是在 1985 年，個人電腦普及以前所進行的。今日之個人電腦，不論是硬體操作或軟體使用，皆有長足之進步，應當會使這些數量模式之使用，擴及中小企業。

模　式　種　類	資料確定與否之分類	公司使用情形
線性規劃(Linear Programming)	D	H
網路分析, 包括PERT/CPM (Network Analysis)	D, P	H
存貨、生產及排程(Inventory, Production and Scheduling)	D, P	H
預測及模擬(Forecasting／Simulation)	D, P	H
整數規劃(Integer Programming)	D	L
動態規劃(Dynamic Programming)	D, P	L
隨機規劃(Stochastic Programming)	P	L
非線性規劃(Nonlinear Programming)	D	L
競賽理論(Game Theory)	P	L
最佳控制(Optimal Control)	D, P	L
排隊理論(Queuing Theory)	P	L
差分方程(Difference Equation)	D	L

表 1-3 高得之模式分類與各模式之使用情形
(D: 確定性模式; P: 機率性 (不確定性) 模式;
H: 高使用率; L: 低使用率)

　　本書將介紹之模式, 在確定性方面有線性規劃(Linear Programming)、運輸問題(Transportation)、計劃評核術(PERT; Program Evaluation and Review Technique)、要徑法(CPM; Critical Path Method)及其他線性規劃之應用; 在機率性模式方面, 則有決策樹(Decision tree)、存貨模式(Inventory model), 及等候模式(Queuing model)。不過事實上，PERT／CPM 也牽涉到機率的計算。

　　此外，生產排程及統計分析亦屬於數量方法之範圍，不過這兩類方法，前者皆於生產與作業課程內介紹；而後者如變異數分析(Variance analysis)、多變量分析(Multivariate analysis)、迴歸分析(Regression analysis)、預測方法(Forecasting)及調查研究(Survey Research)等統計方法，則可在應用統計課程中學到，一般皆不在數量方法或管理科學之書中討論。另外，大部分數量方法之書籍，亦會對電腦模擬(Computer simulation)加以介紹。然而模擬一般需有電腦輔助，且須學習特有的模擬語言，屬於較專業性、技術性的方法，限於篇幅，本書亦不擬敍述。

§1-10　數量方法與套裝軟體

　　很幸運的，由於個人電腦的普及，個人電腦數量方法套裝軟體(Software package)已廣被發展。目前市售之數量方法、作業研究或者管理科學方面（內容大同小異，只是名稱不同）的套裝軟體，不計其數。在教學上，使用較普遍者，計有 STORM、QSB$^+$、AB：QM、ORS 等，當然這些軟體也可使用於商業分析上，不過只適用於小問題，在資料的儲存上限制也較多。這些軟體之使用，非常方便，皆以逐步說明(manual-driven)之方式，指導使用者操作之。即電腦對每一個方法之執行步驟，皆預先說明並詢問，使用者只須按照電腦之說明，輸入資料及操作，不須自行寫程式，故即使不懂電腦者，亦能輕易操作。此外，商業或研究用之決策支援系統，如 SAS 或 IFPS 等，也有很多數量方面之應用軟體。上述各種軟體，皆可由臺灣書店代理，自國外採買。這些軟體的出處，請參考本章後面之電腦軟體書目。本書並未附有這些軟體，因為本書所介紹的數量方法中，決策樹、存貨模式、等候問題、計劃評核術、要徑法及簡單的線性規劃問題，皆能以手算方式計算出，不必使用電腦。

　　雖然數量方法之介紹，可使學生瞭解如何將問題簡化，並應用各種數量模式於解題中，但其主要的目的是在訓練學生獨立思考與分析問題的能力。故解答問題只是訓練過程，只要學生知道如何計算即可，電腦的教導並非必要課程。不過，由於數量方法的計算過程，通常非常繁複，使很多學生將數量方法與數學劃上等號，在學習上，產生了很大的阻礙。因此，筆者仍建議，在數量方法之教學上，仍應儘可能輔以電腦軟體之使用。如此一來，學生將不再視繁複的計算過程為畏途。相反的，由於不論多繁複的問題，電腦皆可在瞬間解決，學生會因此更樂於嘗試複雜的運算。這種發展將使數量模式之應用，更符合實際世界之問題。筆者建議，任何學習數量方法者，至少都要學會使用一種數量方法套裝軟體，且最好能學會在個人電腦上操作。而數量方法教學人員，則有幫忙尋找合適軟體之義務，並幫助學生使用之。目前，大部分之數量方法套裝軟體，皆以英文說明之，有心於此者，或可嘗試作中文編譯之工作。

　　雖然電腦可解決大部分數量計算工作，但這並不意謂學習數量方法，只要知道如何操作電腦即可。在選用模式時，仍需對假設條件、使用限制、敏感度分析、答案之解釋等，有所瞭解，才能抓住問題重點，作合理的解釋。何況，套裝軟體所提供的模式，皆是標準模式，分析人員應知道如何作修正，以適合實際的需求。因此，模式的理論基礎，仍是數量方法的學習重點。不過，電腦的使用會使學生更易學習到數量方法的真諦。

§ 1-11　本章摘要

　　本章對數量方法，作了下列討論：

(1). **起源與發展**：二次世界大戰時之產物，其最初目的為作戰規劃。其

他名稱有作業研究、管理科學、決策科學及數量分析。在今日，與
資訊系統、決策支援系統、專家系統及人工智慧等專業領域，有密
切關係。

(2).　**特性**：A.以系統觀念審視問題。

　　　　　　　B.以科學方法找出解決途徑。

　　　　　　　C.使用團隊合作方式。

　　　　　　　D.使用數學模式。

　　　　　　　E.使用電腦運算。

(3).　**執行步驟**：確定問題→建立模式→解決模式→測試解答→分析結果
　　　→執行結果。

(4).　會計財務、行銷、生產作業、人事與資訊等部門功能，皆有使用數
　　　量方法之領域，而數量方法須賴各部門提供分析資料。

(5).　**在組織內之發展程序**：初步構想→傳道→組織發展（小計劃）→專
　　　案計畫（大計劃）→成熟→擴展（永久定位）。

(6).　在學習上，應使用套裝軟體。

§ 1-12　作業

1. 何謂數量方法？數量方法是否就是科學方法？

2. 數量方法有那些特性？

3. 數量方法之執行步驟？

4. 如何在一公司組織內，推廣數量方法？

5. 請敍述數量方法與決策支援系統及專家系統之關係。

6. 數量方法可應用在那些部門功能上？

7. 請敍述數量方法與電腦應用之關係。

8. 在決策過程中，數量方法可提供決策者那些助益？那些是數量方法

所沒辦法提供的資訊? 舉例說明之。

9. 數量與非數量分析有那些差別? 請舉例說明之。

10. 請敍述數量方法的發展過程。

11. 模型的種類有那些? 何謂數量模型?

12. 你認爲唸企管者及唸數學者, 在使用數量方法作分析時, 各有何利弊?

13. 你是否知道臺灣的公司中, 有使用數量方法者? 其使用情況如何?

14. 你認爲在一公司組織中, 應將數量分析人員歸於那一部門?

15. 數量方法的分析資料, 如何取得?

16. 請敍述數量方法包括那些主要的內容?

17. 數量方法有那些電腦軟體?

18. 數量模式的解決, 有那些方法? 其所需之輸入資料, 有何不同?

§ 1-13　電腦軟體參考書目

1. AB: QM （Allyn & Bacon: *Quantitative Methods*）, Massachusetts: Allyn & Bacon Inc., 1991,茂昌圖書有限公司代理。

2. *QSB*⁺（*Quantitative Systems For Business Plus*）by Yih-Long Chang & Robert S. Sullivan, Englewood Cliffs, NJ, Prentice-Hall International, Inc., 1989, 臺北圖書有限公司代理。

3. *ORS*（*Operations Research Software*）by Gordon H. Dash & Nina M. Kajiji, Homewood, Ill, Richard D. Irwin, Inc, 1986.

4. *STORM: Storm Software Inc.*, Published by Prentice-Hall／Allyn and Bacon, 1989.

5. *IFPS* （*The Integrated Financial Planning System*）: Execucom System Corporation of Austin, 1989.

6. *SAS／OR Software, SAS Institute Inc.*, 1989, SAS臺灣分公司——賽仕電腦軟體股份有限公司代理。

第二章
決策理論

§2-1 緒論

　　管理數量方法，事實上就是一門決策科學。因此廣義而言，本書所介紹的各種方法或模式都是幫助管理者作決策之用。不過本章所講的決策理論(Decision theory)乃是專指數量方法中，使用某些統計方法作方案選擇的一種分析技術，只是所有數量方法中之一種，爲決策方法的狹義解釋。其之所以使用「決策理論」表示此方法，乃是因爲其過程就是由數個方案中，依據某些選擇標準(Criterion)，決定出最佳方案。

　　企業經營者，無時無刻不在作決策，比如：應該推出某項產品嗎？應該向那家銀行貸款？應該僱用那個人？……管理者應從不同的交替方案（我們在此使用交替，乃因方案是有替代性的，選了其中一個，即須放棄其他選擇）間選擇一個最佳策略。那麼應該如何選擇一個好的方案呢？「決策理論」以系統的方法研究問題，分析各種方案(Alternative)及其可能產生的情況(State of nature)，並由其中選擇一個可能是最佳的方案。

§ 2-2 決策的環境

決策的環境是一個人作決策時所需面對的環境，依其所能獲得資訊之確定與不確定性，可分為下列三類：

(1). **確定性決策**：在未來環境為確定的情況下，所作的決策。在此情況下，各種方案的結果是確定而且是可預知的，因此決策者能確實選出最佳方案。比如，利率為 6% 之銀行存款及 10% 之公債，如兩者皆有同樣的安全性，則很明顯的，應投資於公債。

(2). **風險性決策**：當決策者可預知未來各種情況出現的機率時，所作的決策。比如，擲骰子出現 6 之機率為 $\frac{1}{6}$。在此情況下，決策取決於最大期望報酬或者最小期望損失之方案。

(3). **不確定性決策**：在決策者無法預知各種情況出現的機率時，所作的決策。比如，我們無法預知五年後臺幣對美金之滙率為 20 比 1 之機率。

在實際的環境中，很少環境或情況是可預知的，風險性或者不確定性之情況較可能發生。因此，應有一套系統的方法以利作出好的決策。本章所欲介紹的方法，計有期望價值分析法、特殊準則法、決策樹法、貝氏法則及邊際分析法。而其步驟大致上可歸納如下，我們以開設一家服裝店為例說明之。

(1). **定義問題**：開或不開該服裝店，開在那裏及店面多大等。

(2). **列出可能方案**：確定可能的選擇，如服裝店的可能店址及店面大小等。

(3). **找出可能出現的情況**：比如未來可能會景氣或不景氣。

(4). **計算各方案與各出現情況之報酬或損失**：比如景氣與不景氣

下，各店址與各種大小店面所能獲取之利潤。

(5). **選擇適合的決策理論模式**：比如在景氣時，可選用較樂觀的標
準，這些標準，我們將詳述於下節。

(6). **方案選擇**：依照模式之規則，選出最佳方案。

§2-3 風險性環境下的決策

在風險性環境下，決策人員可根據歷史資料推算出未來各種情況發
生的機率，再據以找出最大期望報酬或最小期望損失之方案。我們以例
2-1為例，說明之。

〈例 2-1〉

李先生在中正路有一間店面,正考慮是否應該出租或自己開服裝店。
如果決定開服裝店，還需決定應賣高級服飾或一般服飾。李先生依其經
驗判斷，如果未來景氣時，高級服裝店每月可淨賺 10 萬元，一般服裝店
每月可淨賺 5 萬元；如景氣不好時，高級服裝店每月須賠 3 萬元，一般
服裝店每月可淨賺 1 萬 5 仟元。如果將店面出租，不管景不景氣，每個
月房租收入 2 萬元。從各項景氣指標看來，未來景氣與不景氣之機會為
4 比 6，你認為李先生應如何處置該間店面？

[解答]

依題意，本題可將各種方案、未來出現情況及其間的報酬整理成如
下之表格：

	未來情況(State of Nature)		
發生機率 方案	0.4 景　氣	0.6 不景氣	各方案之期望報酬(EMV)
(1)高級服飾店	$100,000	−$30,000	$22,000
(2)一般服飾店	$ 50,000	$15,000	$29,000 ←最大 EMV
(3)出　　　租	$ 20,000	$20,000	$20,000

表 2-1　例 2-1 各方案與情況組合之報酬

　　各方案的期望報酬(Expected Monetary Value, EMV)，爲其各情況下的報酬與各情況發生機率相乘積之和。如表 2-1 中，最後一行之 EMV 即計算如下：

⑴. **高級服飾店**：

　　$100,000×0.4+(−$30,000)×0.6=$22,000

⑵. **一般服飾店**：

　　$50,000×0.4+$15,000×0.6=$29,000

⑶. **出租**：

　　$20,000×0.4+$20,000×0.6=20,000

　　由前述計算，我們可看出開一般服飾店的期望報酬(EMV)爲最高，因此建議李先生開設一般服飾店。

　　在例 2-1 中，每一個方案在各情況下的報酬，必須經過估算而得。比如景氣時，估計每月可賣出高級服飾 200 件，每件平均以賺$600 計，可估算出共可賺$120,000，扣掉李先生的個人工資$20,000，可淨賺$100,000。因此表中的各項報酬額，須由歷史資料與個人判斷計算而得，並非由臆測得來。現假設某調查公司，可提供情報，告知李先生未來情況之景氣與否，這樣李先生就能掌握未來的市況，對於這項問題的決定，幫助很大。調查公司是要收費的，然而李先生即使不買此項情報，也可能作出正確的決定。這樣的情報到底值多少錢呢？以例 2-2 為例。

〈例 2-2〉

在例 2-1 中，李先生想請精明調查公司對於未來一年服裝業的走向，作進一步調查，以確知未來市況的景氣與否。如果精明調查公司對這項調查的收費為$30,000，試問李先生應該接受嗎？

[解答]

1.何謂完全情報

假設該調查公司所作的調查，為百分之百正確，易言之，即該公司如告知景氣，則未來必為景氣；如告知不景氣，未來必為不景氣。我們稱這樣的情報為完全情報(Perfect information)，而完全情報的期望價值(Expected Value of Perfect Information，稱之為 EVPI)即為可付給該調查公司的最高費用。那 EVPI 到底如何計算呢？

2.完全情報的期望價值

既為完全情報，故當調查公司告知為景氣時，李先生應選景氣狀況下之最佳選擇，即開高級服飾店；當告知為不景氣時，則應選不景氣狀況下之最佳選擇，即將該店出租。而依各項景氣指標看，李先生的判斷是未來狀況為景氣之機率是 0.4，不景氣之機率是 0.6。換言之，該調查公司未來之調查結果為景氣之機會是 0.4，而不景氣之機會是 0.6。故而在有完全情報時，李先生的期望報酬為：

　　　　有完全情報時之最佳期望報酬
　　　　＝$100,000(開高級服飾店)×0.4＋$20,000(出租)×0.6
　　　　＝$52,000

但是李先生在沒有精明調查公司所提供之情報(不一定是完全情報)時，仍可憑 EMV 做出正確的選擇。我們在例 2-1 已求出全憑李先生的景氣判斷所作的選擇，最大的 EMV 是$29,000。因此該項完全情報的期望價值(EVPI)是

EVPI＝有完全情報的最佳期望報酬

　　　－最大 EMV（即沒有調查情報時的最佳期望報酬）

　　　＝$52,000－$29,000

　　　＝$23,000

亦即該項情報的最高價值是$23,000，如超過$23,000，即不值得購買。現精明公司要價$30,000，故李先生不應請其作調查。

　　例 2-1 除了可使用最大 EMV 解決外，亦可使用最小期望機會損失(Expected Opportunity Loss 簡稱爲 EOL)的方法解決之。機會損失是指由於選擇錯誤所損失的報酬，換言之，是各情況下的最大報酬與各方案報酬間的差距。我們以例 2-3 說明之。

〈例 2-3〉

　　在例 2-1 中，如李先生方案的選擇標準是使錯誤選擇所導致的損失爲最小，則你對他的建議是什麼？

［解答］

1.機會損失的計算過程

　　機會損失是選擇錯誤所引起的損失。比如，在景氣時，李先生應選擇開高級服飾店，因其報酬爲$100,000 是最大的，但李先生選擇出租。因此，雖然李先生仍可因爲出租店面而獲得$20,000 之報酬，但其選擇錯誤所引起的機會損失是

$$\$100,000 - \$20,000 = \$80,000$$

同樣的, 我們可求出景氣時, 李先生選擇開一般服飾店的機會損失是

$$\$100,000 - \$50,000 = \$50,000$$

而選擇開高級服飾店的機會損失是

$$\$100,000 - \$100,000 = \$0$$

沒有機會損失, 因為這項選擇, 在景氣時是最好的。

　　而在景氣不好時, 最佳的選擇是出租店面, 每月可賺$20,000。故各項方案的機會損失是$20,000 與各方案報酬之差。計算如下:

高級服飾店: $20,000 - (-$30,000) = $50,000

一般服飾店: $20,000 - $15,000 = $5,000

出 租 店 面: $20,000 - $20,000 = $0

　[註: 由於開高級服飾店, 在不景氣時, 損失$30,000, 故其報酬為 -$30,000]

2. 求出最小期望機會損失

　　在算出各情況下最佳的與各方案的報酬差距後, 可整理出機會成本表, 如下:

發生機率 方案	未來情況(State of Nature)		各方案之期望機會損失(EOL)
	0.4	0.6	
	景　氣	不景氣	
⑴高級服飾店	$　　0	$50,000	$30,000
⑵一般服飾店	$50,000	$　5,000	$23,000 ←最小 EOL
⑶出　　　租	$80,000	$　　0	$32,000

上表中，各方案的期望機會損失(EOL)，計算如下：

⑴. **高級服飾店**：$$\$0 \times 0.4 + \$50,000 \times 0.6 = \$30,000$$

⑵. **一般服飾店**：$$\$50,000 \times 0.4 + \$5,000 \times 0.6 = \$23,000$$

⑶. **出租**：$$\$80,000 \times 0.4 + \$0 \times 0.6 = \$32,000$$

由前述計算，我們可看出開一般服飾店的期望機會損失爲最小，因此建議李先生開設一般服飾店。

由例 2-1 與例 2-3，我們可看出最大 EMV 與最小 EOL 所求出的最佳方案相同，這並非巧合。事實上，我們可以數學公式證明這兩種選擇標準一定會產生同樣的決策。此外，亦可證明完全情報的期望價值和最小期望機會損失相等，亦即 EVPI＝min EOL。比如，由例 2-2 及例 2-3 中，我們可得 EVPI＝$23,000＝min EOL。

§2-4　不確定性環境下的決策

在風險性環境下，未來情況發生的機率可以估算，一般以 EMV 或 EOL 的方法選擇方案。但是當決策者對於機率的估計沒把握，甚至毫無估算機率的資料可循時，則必須採取與機率無關的選擇標準。這些選擇標準共有五種，敍述於下。這些我們稱之爲不確定性環境下之決策。我們仍以例 2-1 說明之，不過，現在必須假設未來景氣與否的機率是無法預知的。

㈠ Maximax 法（樂觀法）

在此標準下，決策人員願冒最大風險以爭取最大報酬，故而其選擇方法是從各方案中找出最大的報酬者，再從中選出最大者，亦即大中取大的準則。如下表：

〈例 2-4〉

請以 maximax 法找出例 2-1 的最佳方案。

[解答]

方　　案	未　來　情　況		各方案的最大報酬
	景　氣	不景氣	
(1)高級服飾店	$100,000	− $30,000	$100,000 ← maximax
(2)一般服飾店	$ 50,000	$15,000	$ 50,000
(3)出　　　　租	$ 20,000	$20,000	$ 20,000

在此選擇標準下，應選擇開高級服飾店。

(二) Maximin 法（悲觀法）

在此標準下，決策人員是從最壞的情況作選擇，因此其選擇方法是從各方案中找出報酬最少者，再從中選出最大者，亦即小中取大的準則。如下表：

〈例 2-5〉

請以 maximin 法找出例 2-1 的最佳方案。

[解答]

方　　案	未　來　情　況		各方案的最少報酬
	景　氣	不景氣	
(1)高級服飾店	$100,000	−$30,000	−$30,000
(2)一般服飾店	$ 50,000	$15,000	$15,000
(3)出　　　　租	$ 20,000	$20,000	$20,000 ← maximin

在此選擇標準下，應選擇出租。

㈢ Hurwicz Criterion（赫威茲準則）

由於一般人都不是極端樂觀或悲觀，而是偏於樂觀或偏於悲觀。本準則選用一個介於 0 與 1 間的 α 係數，表示決策者的較樂觀或較悲觀的態度。當 α 接近 1 時表示決策者對於未來情況是持樂觀態度，而當 α 接近 0 時表示決策者對於未來是持悲觀態度。而各方案的 α 加權報酬公式，可列示如下：

各方案的 α 加權平均報酬

$=\alpha \times$各方案中的極大報酬$+(1-\alpha) \times$各方案中的極小報酬

〈例 2-6〉

假設李先生是一位傳統型人物，對事情總是採取較保守的態度，因此他擬選用 $\alpha=0.2$ 並使用赫威茲準則解決其問題，其結果如下：

[解答]

方　　案	未　來　情　況		各方案之 α 加權平均報酬
	景　氣	不景氣	
(1)高級服飾店	$100,000	$-$30,000$	$-\$ 4,000$
(2)一般服飾店	$ 50,000	$15,000	$22,000 ←最大
(3)出　　　租	$ 20,000	$20,000	$20,000
α 加權	0.2	0.8	

其計算過程爲：

(1). **高級服飾店**：$\$100,000 \times 0.2 + (-\$30,000) \times 0.8 = -\$4,000$

(2). **一般服飾店**：$\$50,000 \times 0.2 + \$15,000 \times 0.8 = \$22,000$

(3). **出租**：$\$20,000 \times 0.2 + \$20,000 \times 0.8 = \$20,000$

在此選擇標準下，應選擇開一般服飾店。

　　讀者可能會注意到赫威茲準則的計算和風險性環境下的 EMV 計算方式類似，但事實上卻是完全不一樣的假設。風險性環境下的 EMV 計算，其未來情況出現的機率是可憑歷史資料估算的，而這裏的 α 係數主要是憑個人對於未來情況樂觀或悲觀的看法所作的主觀選擇。此外，最大的不同在於 EMV 是期望值（亦即各情況下之報酬與其發生機率的乘積和），而此法只對各方案的最大與最小報酬作加權平均，比如例 2-7。

〈例 2-7〉

　　張先生想開一家玩具工廠，但不知應開設大廠或小廠。經其詳細估算後，認爲未來各種情況下，大小廠之報酬如下：

方　案	未　來　情　況		
	景　氣	不好不壞	不　景　氣
(1)大廠	$150,000	$65,000	−$100,000
(2)小廠	$ 80,000	$50,000	−$ 10,000

張先生想以赫威茲準則來解決此問題，由於他是一位性喜冒險的人，所以取 $\alpha=0.9$。請問張先生應開大廠或小廠?

[解答]

赫威茲準則是取各方案中的最大與最小報酬，以 α 係數加權平均之，故本題之解爲，

(1). **大廠**：$150,000 \times 0.9 + (-\$100,000) \times 0.1 = \$125,000 \leftarrow$ 較大

(2). **小廠**：$80,000 \times 0.9 + (-\$10,000) \times 0.1 = \$71,000$

由於開設大廠的加權平均報酬大於開設小廠者,故建議張先生開設大廠。

(四) Equally Likely Criterion（相等可能準則）

當決策者無法確知各情況出現的機率時，假設各情況出現的機率皆相等，或者決策者並未持特別悲觀或樂觀的態度時，可使用本準則。其計算過程如例 2-8。

〈例 2-8〉

在例 2-7 中，如張先生不對未來情況抱持特別樂觀或悲觀的看法，因此對於未來各種情況出現的機會，擬以相同的權數計算之，試問張先生應選擇那個方案?

[解答]

本準則假設各情況出現之機會均等，亦即求出各方案之平均報酬如下：

(1). **大廠**：($150,000＋$65,000＋(－$100,000))／3 ＝$38,333.33

(2). **小廠**：($80,000＋$50,000＋(－$10,000))/3＝$40,000

故而在此準則下，張先生應選擇蓋小廠。

(五) Minimax 法（以機會成本計算之悲觀法）

本法與 Maximin 法類似，只不過 Maximin 法是計算各方案的報酬，而本法是計算各方案之機會損失。本法之計算過程是先計算出各方案在各情況下之機會損失，再選出各方案的最大機會損失，並從中選出最小者，是小中取大的準則，如下例。

〈例 2-9〉

在例 2-3 中，如果李先生無法確知未來各情況出現的機率，而他打算從機會成本之觀點來作選擇，並使用 Minimax 法選擇方案,則他應如何作選擇？

[解答]

本題之機會損失表，可整理如下：

方　　案	未　來　情　況 景　氣	不景氣	各方案之最大機會損失
(1)高級服飾店	$　　0	$50,000	$50,000 ← Minimax
(2)一般服飾店	$50,000	$ 5,000	$50,000 ← Minimax
(3)出租	$80,000	$　　0	$80,000

因此從最小機會損失的觀點來看，李先生可選擇開高級服飾店或一般服飾店。

讀者可能會問，這麼多的標準，應如何作選擇呢？這些都必須靠決策者個人對問題的專業知識及冒險態度而定，並無所謂對錯或那個標準較好。比如以李先生開服飾店之例爲例，如目前產業界較景氣，或許李先生可採取較樂觀的看法；如果不甚景氣，則可採取較保守的作法。

§2-5 決策樹

在 2-3 及 2-4 節中，我們使用了很多決策表幫助決策者作決策用，這些決策表也可以決策樹的方法表示，並解決問題。事實上，使用決策樹比決策表更易於使人瞭解、易於分析，也更能考慮較多的因素。決策樹的制定步驟，即是決策的步驟，只是決策樹將各種決策的前後順序、相關機率、成本及報酬等，以圖解法(Graphical method)表示於一種網路圖上。以決策樹解決問題之步驟如下：

(1). 定義問題：列出各種可能情況及方案。

(2). 將各種情況及方案建立成樹狀流程，以□表示決策，○表示出現之情況。

(3). 計算各出現情況之機率：凡是○後面之樹幹(即線段)，皆須由歷史資料或使用統計方法計算機率。

(4). 計算各情況下各方案之報酬。

(5). 以後退(Backwards)程序找出各決策點□的最佳選擇，及各出現情況點○的期望報酬，直到最前面的點爲止。

(6). 由前往後找出各情況下的選擇。

我們首先以例 2-10 說明之。

〈例 2-10〉

請以決策樹的方法解決例 2-1。

[解答]

⑴. 畫出決策樹，填入相關資料：

本題的方案選擇有三個，開高級或一般服飾店及出租，而情況有景氣及不景氣兩種，依照這些條件，我們可畫成如下之決策樹：

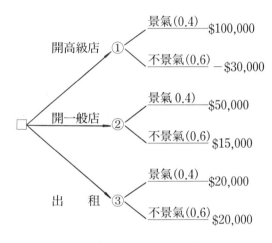

圖 2-1 例 2-1 之決策樹

讀者可注意到最後面各情況之報酬及機率，乃是表 2-1 中各項報酬及各情況出現的機率。

⑵. 計算各情況點○上之期望值，並選出最佳方案

點①： $\$100,000 \times 0.4 + (-\$30,000) \times 0.6 = \$22,000$

點②： $\$50,000 \times 0.4 + \$15,000 \times 0.6 = \$29,000$

點③： $\$20,000 \times 0.4 + \$20,000 \times 0.6 = \$20,000$

故可畫出圖 2-2，

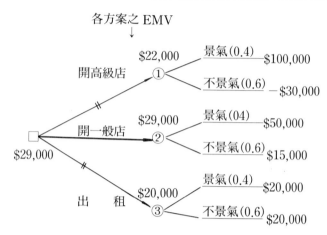

各方案之 EMV
↓

圖 2-2　例 2-1 完成解答後之決策樹

在圖 2-2 中，我們可輕易看出第二個方案（即開一般服飾店）之 EMV 為最大，故由後往前推到最早之決策點□時，我們知道應選第二個方案，特以粗線表示選擇該方案，而未選出之方案，以〝//〞號劃去。最前面之決策點下之$29,000，即為開一般店時之 EMV。

在圖 2-2 中，我們只有一個決策點，即只有一個決策步驟。在例 2-2 中，我們曾提到李先生可考慮聘請調查公司作市況調查，那麼該不該作這項調查呢？如果我們也把這項選擇考慮進去，則問題有兩個決策點，變得較複雜。以例 2-11 為例。

〈例 2-11〉

現假設精明公司告訴李先生，他們可幫他作市況調查, 收費$10,000。另外，精明公司也告訴李先生他們的調查正確率達到80%（亦即當精明公司告訴李先生調查結果為景氣時，則真正市況是景氣的機會是80%，不景氣是20%；而當告知不景氣時，則真正是景氣的機會有20%，不景氣是80%）。假設李先生在未受調查報告結果之影響時，對未來景氣與不景氣的判斷仍為 4 比 6 ，請問你對李先生的建議是什麼？

[解答]

　本題有兩個決策步驟，一個是需不需要委託精明公司作調查，一個是各項開店方案的選擇。如果以表格的方式表示本題之資料，則表格將會變得很複雜(讀者可想想看應如何以表格方式表示)。但如以決策樹之方法，則因為決策樹依照決策程序一步一步往下推，很容易分析。在經過整理與計算後，我們可將本題之各項選擇、情況、機率及其報酬畫成如下之決策圖：

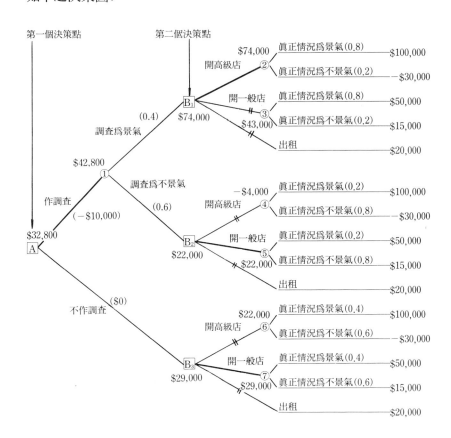

圖 2-3　例 2-11 完成解答後之決策樹

圖 2-3 中各情況之 EMV 計算如下：

點②：$\$100,000 \times 0.8 + (-\$30,000) \times 0.2 = \$74,000$

點③：$\$50,000 \times 0.8 + \$15,000 \times 0.2 = \$43,000$

點④：$\$100,000 \times 0.2 + (-\$30,000) \times 0.8 = -\$4,000$

點⑤：$\$50,000 \times 0.2 + \$15,000 \times 0.8 = \$22,000$

點⑥：$\$100,000 \times 0.4 + (-\$30,000) \times 0.6 = \$22,000$

點⑦：$\$50,000 \times 0.4 + \$15,000 \times 0.6 = \$29,000$

點①：$\$74,000 \times 0.4 + \$22,000 \times 0.6 = \$42,800$

而各決策點上的值，乃是由各決策點後的各情況點之 EMV 選出最大者，所選出的方案以粗線表示，沒選上者則以〝//〞號去掉。如 B_1 點，其後之最大 EMV 爲$74,000，開設高級店。此外在決策點 A 後面的兩項選擇，作調查時需花費$10,000，而不作調查之花費爲$0，故事實上，作調查時之眞正 EMV 爲$42,800－$10,000＝$32,800。因其大於不作調查時之 EMV，其爲$29,000。故建議李先生應請精明公司作市場調查。而當調查結果是景氣時，即選擇開高級服飾店；而當調查結果爲不景氣時，即選擇開一般服飾店。

在圖 2-3 中，我們將調查結果爲景氣與不景氣之機率依照李先生本人對未來景氣之判斷，分別估計爲 0.4 及 0.6。這樣的機率，我們稱之爲事先機率(Prior probability)，即不受其他相關報告或結果所影響之機率，而純粹由該決策者依其自己的常識所作的判斷。此外，由題意，我們知道該調查的正確率爲 80%，因此在該調查結果爲景氣時，眞正情況亦爲景氣的機率爲 80%，而眞正情況爲不景氣之機率是 20%；而當該調查結果爲不景氣時，眞正情況是不景氣的機率爲 80%，而眞正情況是景氣的機率則爲 20%。其實這是一種條件機率，可以數學公式表示如下：

其和爲 1 ⎰ P(眞正是景氣 | 調查爲景氣)＝0.8 　　　　(2.1)

⎱ P(眞正是不景氣 | 調查爲景氣)＝0.2 　　　　(2.2)

其和爲 1 ⎰ P(眞正是景氣 | 調查爲不景氣)＝0.2 　　　(2.3)

⎱ P(眞正是不景氣 | 調查爲不景氣)＝0.8 　　　(2.4)

　　除了作如上的機率判斷外，李先生還可根據以往精明公司調查結果之正確性、未來的景氣指標及其他歷史資料，對這些機率作主觀的判斷。我們再另外敍述一種機率的計算方法，即以貝氏法則(Bayesian criterion)解決(註：請讀者參閱一般統計書籍對於貝氏法則或定理的說明)。

§2-6　貝氏法則

　　在例 2-11 中，精明公司告知李先生調查的正確率是 80%。但是，李先生最關心的問題應是在未來情況眞正是景氣（或不景氣）時，精明公司調查的正確率有多少？而且，該公司調查結果的正確性，在眞正情況是景氣或不景氣時，可能會有差別。比如，當未來是景氣時，該公司作出正確調查結果的機會是 80%；而當未來是不景氣時，該公司調查結果的正確率則有 90%。換言之，其調查之正確性和未來眞正的情況有關。故而李先生可能不接受調查公司僅告知調查結果正確的機率爲 80%，而是要知道未來情況對其調查正確性的影響。我們以例 2-12，說明之。

〈例 2-12〉

　　在例 2-11 中，假設精明公司告訴李先生，在其所作過的調查中，如果眞正情況是景氣而其調查結果正確（即亦爲景氣）的百分比是 80%；如果眞正情況不景氣，而其調查結果正確（即亦爲不景氣）的百分比是 90%。假設李先生在未受調查報告結果之影響時,對未來景氣與不景氣的判斷仍爲 4 比 6，請問你對李先生有何建議?

[解答]

(1). **整理問題所給予的機率（事前機率）:**

由題意，我們可得到下面的機率:

其和爲 1 $\Bigg\langle$
P（調查爲景氣｜眞正是景氣）＝0.8   (2.5)

P（調查爲不景氣｜眞正是景氣）＝0.2   (2.6)

其和爲 1 $\Bigg\langle$
P（調查爲不景氣｜眞正是不景氣）＝0.9   (2.7)

P（調查爲景氣｜眞正是不景氣）＝0.1   (2.8)

其和爲 1 $\Bigg\langle$
P（眞正是景氣）＝0.4   (2.9)

P（眞正是不景氣）＝0.6   (2.10)

（註：(2.9)及(2.10)之機率乃是主觀判斷而得）

(2). **畫出決策圖:**

本題的決策樹，除了機率及各點上的 EMV 不同外，整個決策過程及各方案的最終報酬皆和圖 2-3 完全一樣。由於完全一樣，此處不再重畫。由圖 2-3，我們可看出圖上的機率乃由公式(2.1)～(2.4)計算而得。不過在本題中，我們將使用貝氏法則及(2.5)～(2.10)之條件機率，求出各情況發生的機率如下。

(3). **利用貝氏法則求出事後機率:**

由於我們所欲求得的，乃是調查結果爲景氣（或不景氣）時，眞正結果爲景氣或不景氣之條件機率，因此必須用到貝氏法則作計算。我們將公式列出，但其中涵意，須賴讀者自行思考。

P（眞正是景氣｜調查爲景氣）

$$= \frac{P（眞正是景氣，調查爲景氣）}{P（調查爲景氣）}$$

$$=\frac{已知 \rightarrow P(調查爲景氣 \mid 眞正是景氣) \cdot P(眞正是景氣) \leftarrow 已知}{P(調查爲景氣) \leftarrow 不知} \quad (2.11)$$

而

P(調查爲景氣)

＝P(調查爲景氣, 眞正是景氣)＋P(調查爲景氣, 眞正是不景氣)

＝P(調查爲景氣 | 眞正是景氣)・P(眞正是景氣)＋

　P(調查爲景氣 | 眞正是不景氣)・P(眞正是不景氣)

$$=0.8 \times 0.4 + 0.1 \times 0.6 \qquad (利用(2.5),(2.8)及(2.9)\sim(2.10))$$

$$=0.38 \qquad\qquad\qquad (2.12)$$

將此值代入(2.11)式之分母, 並使用(2.5)及(2.9), 可得

$$P(眞正是景氣 \mid 調查爲景氣)=\frac{0.8 \times 0.4}{0.38}=0.84 \qquad (2.13)$$

而在調查爲景氣時, 另一個可能的結果是眞正情況爲不景氣, 故

$$P(眞正是不景氣 \mid 調查爲景氣)=1-0.84=0.16 \qquad (2.14)$$

亦即調查結果爲景氣, 而眞正情況亦是景氣機率爲 0.84; 不景氣之機率爲 0.16。

　同樣的, 我們可求得

P(調查爲不景氣)

＝P(調查爲不景氣 | 眞正是景氣)×P(眞正是景氣)

　＋P(調查爲不景氣 | 眞正是不景氣)×P(眞正是不景氣)

$$=0.2 \times 0.4 + 0.9 \times 0.6 \qquad (利用(2.6), (2.7)及(2.9)\sim(2.10))$$

$$=0.62 \qquad\qquad\qquad (2.15)$$

〔註: 事實上, 本結果, 可由 1－P(調查爲景氣)＝1－0.38＝0.62 求得〕

故　P(眞正不景氣｜調查爲不景氣)

$$= \frac{P\ (調查爲不景氣｜眞正不景氣)\times P\ (眞正不景氣)}{P\ (調查爲不景氣)}$$

$$= \frac{0.9\times 0.6}{0.62} \qquad\qquad (利用(2.7),(2.10)及(2.15))$$

$$= 0.87 \qquad\qquad\qquad\qquad\qquad\qquad (2.16)$$

而 P(眞正景氣｜調查爲不景氣)$=1-0.87=0.13$　　　　　　　(2.17)

亦即調查結果爲不景氣, 而眞正情況亦爲不景氣機率爲爲 0.87; 景氣之
機率爲 0.13。

⑷. **完成決策樹, 選出最佳方案**:

　　比較(2.13)～(2.14)及(2.16)～(2.17)與(2.1)～(2.2)及(2.3)～
(2.4),我們可發現已得到相同公式的結果,將這些機率及(2.12)與(2.15)
之機率寫於圖上, 可得到圖 2-4。其中, 各情況點之 EMV、各決策點上
的價值及所決定的選擇 (以粗線表示者), 和例 2-11 之計算相同, 不再
於此列出計算公式, 讀者可自行驗證之。由圖 2-4, 我們應該建議李先生
請精明公司作市場調查。而當調查結果爲景氣時, 即選擇開高級服飾店;
而當調查結果爲不景氣時, 即選擇開一般服飾店。

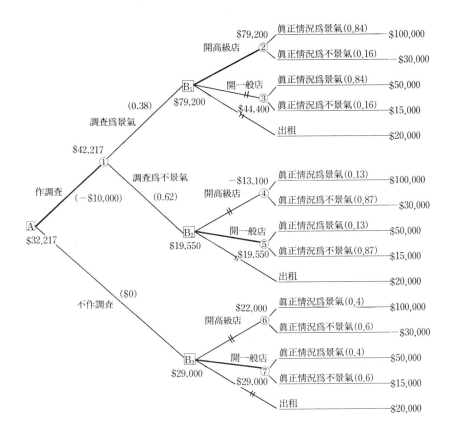

圖2-4　以貝氏法則計算後的決策樹

　　我們在前面提過，決策者在調查前對未來的情況所作的機率假設，稱爲事前機率，如在例2-12中，不作調查時，認爲眞正情況爲景氣之機率爲0.4，不景氣爲0.6。而在告知調查結果後，李先生對未來的景氣判斷將有所改變。比如在同樣在本例中，當告知調查結果爲景氣時，則李先生認爲未來爲景氣的機率將是0.84，而不景氣之機率是0.16；當告知爲不景氣時，則李先生認爲未來爲景氣的機率是0.13，而不景氣的機率是0.87。這樣的機率，乃是在得知市場調查結果後，對事前主觀認定之機率所作的修正。這種機率，我們稱之為事後機率(Posterior probability)。此外，我們可注意到在圖 2-4 上，調查結果為景氣與不景氣之機率分別為 0.38 及 0.62，不同於原先李先生的主觀判斷 0.4 及 0.6。不過，我們必須說明的是，例 2-12 新求得的調查結果機率，是根據原先主觀的判斷（即認為真正出現景氣與不景氣的機率分別是 0.4 及 0.6）及與市場調查結果間的關係（即公式(2.5)至(2.8)）分析而來。這個分析主要用到貝氏法則及條件機率，讀者可另行參閱一般統計書籍，幫助瞭解其間公式之運用。

§ 2-7　邊際分析法

前面的決策分析，是有某些特定的方案，決策者以各種選擇標準，據以決定最佳策略。在某些情況下，決策者須選擇一連續數目中的一個，作為其決策，比如某項產品的製造數應為多少？我們先舉一個斷續的例子為例，再加以擴充至連續上的應用。

〈例 2-13〉
大大超市每天賣 2 箱蔬菜之機會是 20%，3 箱的機會是 40%，4 箱的機會是 40%。假設每箱蔬菜成本為$1,000，每箱賣價為$1,400。另假設當天蔬菜賣不完，須將其賣給農家作肥料，每箱只能賣$500。請問大大超市每天應準備供應多少蔬菜，以保有最高利潤？

［解答］
由於每箱蔬菜可賺$1,400－$1,000＝$400，而當準備的蔬菜多於需求時，每箱損失$1,000－$500＝$500；而當需求超出所準備的蔬菜時，並無缺貨成本。故當準備 2 箱時，各需求下之利潤皆為$400×2＝$800；準備 3 箱時，需求為 3 及 4 箱之利潤皆為$400×3＝$1,200；準備 4 箱

時，需求爲 4 箱之利潤爲$400×4＝$1,600。而當準備 3 箱而眞正需求爲 2 箱時，剩餘 1 箱，其損失$500，故其利潤爲$400×2－$500＝$300；當準備 4 箱而眞正需求爲 2 箱時，利潤爲$400×2－$500×2＝－$200（損失$200），而在眞正需求爲 3 箱時，利潤爲$400×3－$500＝$700。故整理後可得下表：

方案 \ 發生機率	眞正需要箱數（未來情況）			各方案之 EMV
	0.2 \ 2	0.4 \ 3	0.4 \ 4	
準備箱數 2	$800	$800	$800	$800
準備箱數 3	$300	$1,200	$1,200	$1,260 ←最大
準備箱數 4	－$200	$700	$1,600	$880

由各準備箱數之 EMV 中，我們知道準備 3 箱時的期望利潤爲最大$1,260。故建議大大公司每天準備 3 箱蔬菜販賣。[註：各方案之 EMV 計算過程和例 2-1 相同，讀者可自行驗算之。]

在例 2-13 中，如果大大超市的蔬菜需求量範圍並非如此穩定，而是在一個較大的範圍內時，該如何處理呢？我們以例 2-14 爲例說明之。

〈例 2-14〉

假設大大蔬菜公司每日需求量爲 2 箱到 10 箱,而根據去年一年的資料，其各種數量之需求量日數如下：

需　求　量	日　　數
2	15
3	29
4	51
5	58
6	73
7	66
8	44
9	22
10	7
	365

假設每箱蔬菜的成本與收入和例 2-13 相同,請問你建議大大公司在未來一年, 每日應準備 (或供給) 多少箱蔬菜以供應市場需要?

　[解答]

(1). **將資料轉換成機率**:

　　本題可由去年的蔬菜需求數量, 以各需求日數除以 365, 估計出未來一年的需求 (假設今年的需求型態不變) 機率, 如需求量爲 2 箱之機率爲 $\frac{15}{365}=0.04$。我們可將其整理如表 2-2:

需求量	日數	機率
2	15	0.04
3	29	0.08
4	51	0.14
5	58	0.16
6	73	0.20
7	66	0.18
8	44	0.12
9	22	0.06
10	7	0.02
	365	1.00

表 2-2　例 2-14 以歷史資料找出各種需求之機率分配

　　和例 2-13 比較，我們會發現這兩個問題是一樣的，只是現在方案的選擇及出現的情況各有 9 種，即所需準備及未來需求的蔬菜箱數爲 2 箱至 10 箱。如果我們以前面決策表或決策樹的方法來做，將使得整個問題變得很龐大，共有 9×9＝81 種組合。因此我們擬使用邊際分析的方法來解決此問題。

(2). **邊際分析的理論基礎**：

　　現在假設我們知道蔬菜的需求超出供給，則我們會增加供給的箱數，以增加利潤，直到當供給再增加 1 箱時，會使得供給超出需求之當際，即須停止，否則將變成供給超出需求而引起剩餘損失。這種增加 1 箱供給所引起的利潤增加，稱爲邊際利潤（Marginal Profit, MP）。而當供給超出需求，每增加 1 箱供給所導致之剩餘損失，稱爲邊際損失（Marginal Loss, ML)。例如本題之 MP＝\$1,400－\$1,000＝\$400, ML＝\$1,000－\$500＝\$500。我們的目的即在求供給與需求間的平衡，換言之，即是找出當邊際利潤等於邊際損失的供給點，因為在這一點上，當增加 1 箱供給時，會有剩餘損失；而當減少 1 箱供給時，會導致利潤減少。

但是現在需求是一個未知數（事實上是一個隨機變數，請讀者參閱統計書籍對此之解釋），不過我們知道其機率分配，故需使用期望值的觀念來解決這問題，即找出期望邊際利潤等於期望邊際損失的供給點，亦即當需求大於供給之機率與邊際利潤之乘積等於當需求小於供給之機率與邊際損失之乘積之時。以數學公式表示，即為

$$P(\text{需求} \geq \text{供給}) \cdot MP = P(\text{需求} \leq \text{供給}) \cdot ML \qquad (2.18)$$

此公式表示的意思是在需求大於供給的情形下，我們可增加供給，而每箱之供給可增加邊際利潤 MP，直到供給將大於需求之際，此時將開始產生邊際損失 ML。由於所有需求大於供給的情形，皆有邊際利潤產生；而所有供給大於需求的情形，皆有邊際損失產生，故在(2.18)中，左邊表示的是需求大於供給之機率，而右邊表示的是供給大於需求之機率。機率的加入，乃因需求是隨機變數，需使用期望值的方法解決問題。

(3). **邊際分析的公式**：

事實上(2.18)，可再整理成

$$P(\text{需求} \geq \text{供給})MP = [1 - P(\text{需求} \geq \text{供給})] \cdot ML$$

$$\Rightarrow P(\text{需求} \geq Q^*) = \frac{ML}{MP + ML} \qquad (2.19)$$

公式(2-19)中的 Q^* 表示最佳供給量，亦即最佳供給量 Q^* 需滿足(2-19)。本題之 ML＝\$500, MP＝\$400, 故

$$P(\text{需求} \geq Q^*) = \frac{500}{400 + 500} = \frac{5}{9} = 0.56 \qquad (2.20)$$

(4). **最佳供給量的計算**：

由式(2.20)中，我們可看出最佳供給量 Q*與需求的機率分配存在著某些關係，我們探討如下。從表2-2，我們可整理出如表2-3的需求累積機率分配。

需求量	機率	累積機率
2	P(需求＝2)＝0.04	P(需求≧2)＝1.00
3	P(需求＝3)＝0.08	P(需求≧3)＝0.96
4	P(需求＝4)＝0.14	P(需求≧4)＝0.88
5	P(需求＝5)＝0.16	P(需求≧5)＝0.74
6	P(需求＝6)＝0.20	P(需求≧6)＝0.58 ← 0.56＝P(需求≧Q*)
7	P(需求＝7)＝0.18	P(需求≧7)＝0.38
8	P(需求＝8)＝0.12	P(需求≧8)＝0.20
9	P(需求＝9)＝0.06	P(需求≧9)＝0.08
10	P(需求＝10)＝0.02	P(需求≧10)＝0.02
	1.00	

表 2-3 例 2-14 之需求累積機率分配

式子(2.20)中之機率0.56介於P(需求≧6)＝0.58及P(需求≧7)＝0.38間。由於本題的資料是斷續的，故無法找出累積機率剛好為0.56之需求數。我們選取的標準是如果有剛好的累積機率則選之，否則選取比該值大但最靠近該值之累積機率。比如，本題值為0.56，故選擇累積機率為0.58，因0.58是比0.56大之諸累積機率中，最靠近0.56者。但0.58＝P(需求≧6)，故Q*＝6。換言之，本題之最佳供給方案是每天供給6箱。

(5). **期望報酬(EMV) 之計算：**

至於 6 箱的 EMV 是多少呢？我們整理如下（詳細計算過程，請讀者自行計算）：

	眞	正		需		求		
	2	3	4	5	6	7	8	9	10
供應6箱之利潤 （以佰爲單位）	- $ 12	- $ 3	$ 6	$15	$ 24	$ 24	$ 24	$ 24	$ 24
機率	0.04	0.08	0.14	0.16	0.20	0.18	0.12	0.06	0.02
各供應數之EMV	- $ 0.48	- $ 0.24	$ 0.84	$ 2.4	$4.8	$ 4.32	$ 2.88	$ 1.44	$ 0.48 共 $ 16.44

亦即當每日供應 6 箱時，平均可賺$1,644 元，爲最高之平均利潤。

事實上，這個利潤之求得純粹是計算問題，並不重要。最重要的是公式(2.19)告訴我們，當方案及出現情況同爲連續數字且有機率分配可循時，我們並不需計算所有方案之 EMV 後，再比較之。而可使用公式(2.19)及其所提供之機率資料，很簡單的算出最佳方案。在例 2-14 中，由於可供選擇的方案尚少，只有 9 種，所以我們仍可使用斷續的方法將所有可能出現的結果一一列出再比較之。但是如果此項數目再增加，比如每日工廠某產品的製造數可由 100 個到 10000 個時，則一一比較的方法已不敷使用，而必須使用邊際分析法。

由於例 2-14 之需求爲斷續之數字，故可算出各需求數之機率。不過事實上，如果這些斷續的機率分配，接近連續的情況時，則可使用連續的機率分配計算。比如，讀者將例 2-14 之需求分配畫成機率分配圖時，（讀者可自行爲之），會發現其機率分配很接近常態分配，故在計算出其平均數(μ)及變異數(σ^2)後，可使用常態機率分配，與邊際分析法找出其最佳訂購量。[註：平均數及變異數之計算方式，請參閱一般統計書籍。]
在平均數及變異數皆已知之情形下，我們舉例 2-15 及例 2-16 說明在需
求為常態分配時，邊際分析法之應用。

〈例 2-15〉

　　大大超市根據以往經驗，知道每日豬肉的販賣量在 100 到 200 公斤
間，呈常態分配，平均數為 150（亦即每日平均需求為 150），變異數（σ^2）
900。假設豬肉每公斤成本\$50，售價每公斤\$90，且如果賣不掉，須當日
賣給狗食公司作罐頭，每公斤只賣\$30。請問大大超市每日的豬肉供應量
應為多少？

[解答]

　　本題之 MP＝\$90－\$50＝\$40，ML＝\$50－\$30＝\$20，利用公式（2.
19），我們可得

$$P（需求 \geqq Q^*）=\frac{ML}{MP+ML}$$

$$=\frac{20}{40+20}=\frac{1}{3}=0.33$$

由於本題是常態分配，故可得如下之常態分配圖，

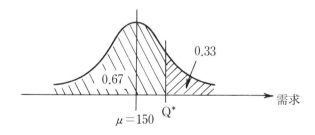

換言之，$Q^*＝\mu＋\sigma \times Z^*$。由題意知 $\mu＝150$，$\sigma＝30$，而 Z^* 值須由常態
分配表查出（本書附錄 A）。因 P（需求 $\geqq Q^*$）＝0.33，故需查機率為

0.67(=1−0.33)之 Z 值,得 Z*=0.44。故 Q*=150+30×0.44=163.2,亦即每日最佳供給量是 163.2 公斤。 ■

至於例 2-15 之 EMV 計算上並不容易,須利用常態分配機率函數及積分。不過,EMV 之求法純粹是計算問題,並不重要,我們關心的是最佳的供應數目,故不擬在此敍述。

在例 2-15 中,我們假設該需求爲常態分配,因爲這是現實世界中,最常見的分配,而且也是最簡單的。不過公式(2.19)可用在其他的連續分配,如指數分配,波氏分配等。連續分配的使用,可省却斷續機率的計算。此外,當公式(2.19)用在常態分配時,有一個特別的結果,說明如下。

由於常態分配的平均值正好位於機率爲一半之處,故從公式(2.19)中可看出,當 MP>ML 時,P (需求≧Q*)的值會小於 $\frac{1}{2}$;換句話說,最佳供給量會大於平均需求量,如例 2-15。而當 MP<ML 時,P(需求≧Q*)的值會大於 $\frac{1}{2}$,亦即最佳供給量會小於平均需求量。以下題爲例說明之。

〈例 2-16〉

在例 2-15 中,如果豬肉每公斤賣$75,而當日的剩貨每公斤只賣$10時,則最佳供給量爲何?

[解答]

本題可得 MP=$75−$50=$25,ML=$50−$10=$40。故

$$P (需求≧Q*) = \frac{ML}{MP+ML} = \frac{40}{25+40} = 0.615 \approx 0.62$$

其常態分配圖爲

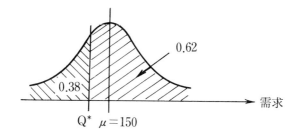

因 Q* 小於平均數，故查表時須查機率爲 0.62 之 Z 值，得 Z＝0.29。但由於其在平均數左邊（因爲小於平均數），故須取負值，亦即 Z*＝−0.29。所以 Q*＝150−30×0.29＝141.3，亦即最佳供給量爲 141.3 公斤，小於平均需求量 150 公斤。

　　事實上，例 2-15 及例 2-16 是很當然的結果。因爲當 MP＞ML 時，由於供應不足所引起的每單位利潤損失大於由於供應過多所引起的每單位剩餘損失，故當然應該多供應以儘量爭取利潤，直到大部分的需求都能滿足爲止；而當 MP＜ML 時，則供應過多所引起的每單位剩餘損失大於由於供應太少所引起的每單位利潤損失，故從經營者的立場而言，當然希望所供應的物品皆能全數售完，而不希望有剩貨，所以在供應量上當然就會較少了。

§2-8　本章摘要

⑴. **決策的環境**：

　　a. 確定性環境：一個方案只有一種確定情況出現，很容易比較。

　　b. 風險性環境：一個方案有數種可能出現情況，但每種情況出現之機率皆可估計。

　　c. 不確定性環境：一個方案有數種可能出現情況，但每種情況出現之機率無法估計或確知。

(2). **決策的步驟**：定義問題→列出可能方案→找出可能情況→計算各方案與各情況之報酬→選擇適合決策理論模式→作決策。

(3). **決策模式**：

　　a.期望值分析法：最大 EMV 法、最小 EOL 法及 EVPI 之計算。

　　b.特殊準則法：Maximax 法、Maximin 法、赫威茲準則、相等可能準則及 Minimax 法。

　　c.決策樹法

　　d.貝氏法則：與決策樹之應用。

　　e.邊際分析法：包括斷續與常態分配之實例介紹。

§2-9　作業

1. 依照決策時所需面對的環境，可將決策的種類分爲那些？其主要不同點何在？

2. 敍述決策的步驟。

3. 何謂交替方案？出現情況(State of nature)？

4. 何謂期望報酬(EMV)？

5. 何謂完全情報之最佳報酬？何謂完全情報之期望報酬(EVPI)？

6. 何謂期望機會損失(EOL)？

7. 敍述決策樹的規劃程序。請舉例說明之，並請說明使用決策樹之利弊。

8. 決策模式有那些？

9. 林先生手上有筆錢，想投資股票、公司債、不動產或者存於定存。你是否可幫林先生想想看，未來經濟出現的情況會有那些？並將各種投資方案及各經濟情況，以決策樹表示之。

10. 在不確定環境下制定決策時，那些技術會有較樂觀的結果？那些會有較悲觀的結果？

11. 在何種狀況下，決策樹會優於決策表？

12. 那些資訊需要放在決策樹上？

13. 描述你如何使用決策樹，以 EMV 準則得到最佳的決策。

14. 貝氏分析的目的為何？描述你如何在決策制定過程中使用貝氏分析？

15. 當未來出現的情況之機率分配為斷續的數據時(如例 2-14)，用邊際分析來決定最佳存貨政策時需要什麼資訊？

16. 當未來出現的情況機率為常態分配時，用邊際分析來決定最佳存貨政策時需要什麼資訊？

17. 王先生做了一些腳踏車店的機率分析。如果王先生開一家大型的腳踏車店，市場好的話，他將可賺$60,000；但若市場狀況不佳，他將損失$40,000。若開小型的腳踏車店，在市場好的情況下，可賺$30,000，但市場不好時將損失$10,000。現在，他相信市場狀況好壞之機率各為 50－50。他的行銷學教授願替他作市場調查並索取費用$5,000。據估計，此調查顯示有利的機率為 0.6，並且，若此調查顯示有利，則市場有利的機率為 0.9。然而行銷學教授也警告王先生，如果調查的結果顯示不利，則市場有利的機率只有 0.12。王先生很困擾，他應該怎麼辦呢？以決策樹解決之。

18. 在第 17 題中，王先生的行銷學教授估計市場調查結果有利的機率為 0.6。然而王先生不確定此機率是否正確。請問，王先生在第 17 題中所做的決定對此機率值有多大的敏感度？此機率值可偏離 0.6 多遠才會改變王先生的決策？

19. 林先生是客泰電子公司經理，目前該公司擬購進設備以增加產量，有三種不同之規格可供選擇，設備A成本最高，產量最大；B設備成本及產量皆居中；C設備則居末。林先生分析後，其相關損益如下（"－"號者代表損失）。而林先生未來對景氣情況，一點把握也沒有。

設　備	未來情況	
	景　氣	不景氣
A	$330,000	－$220,000
B	$200,000	－$140,000
C	$ 85,000	－$ 28,000

(a). 林先生面臨何種型態之決策？

(b). 如果林先生是個樂觀主義者，你建議他使用何種決策準則？購買那個設備？

(c). 如果由各項報導，可測得未來經濟成長率將減緩，你建議他使用何種決策準則？購買那個設備？

(d). 如果未來經濟景氣與否，毫無跡象可循，你又作何建議？

20. 由目前一本電子專業雜誌中分析，未來電子零件市場看好的機會為70%，而看壞的機會為30%，如在第19題中，林先生想用此機率來決定最佳的決策。

(a). 他該使用何種決策模式？應購買何種設備？

(b). 林先生想要知道，如果設備A在景氣時的利潤降低時，降到多少，會使林先生改變在(a)中所作的決策？

21. 陳先生總是以他個人的投資策略引以為傲，並且在過去幾年，他都做得很好。剛開始，他投資於股票市場，然而，在過去這幾個月，陳先生非常在意股票市場是否為一項好的投資。或許把錢放在銀行，會比放在股票市場要好。未來六個月，陳先生必須決定把$30,000 放在股票市場或是六個月的定期存款以賺取 8%的利息。在股票投資上如果市場狀況好，陳先生相信他可獲得 13%的利潤。若狀況普通，他預期可獲得 7%之報酬率。如果狀況不好，他相信將無法獲取利潤，亦即報酬率為 0%。陳先生估計市場狀況好的機率為 0.4，狀況普通的機率為 0.4，狀況不好的機率為 0.2。

(a). 製作一份決策表。

(b). 何者為最佳選擇？

(c). 以決策樹解決本題。

22. 在第 21 題中，你已幫陳先生決定了最佳的投資策略。現在，陳先生想訂閱一份股市簡訊。他的朋友說這些簡訊能將股市狀況預測得非常正確，根據這些預測，陳先生可作出更佳的投資決策。

(a). 陳先生最多願付出多少購買一份簡訊？

(b). 陳先生現在相信市場狀況好時，只能獲得 11%之報酬率而非 13%。這將改變陳先生願付出的數目嗎？如果是，那麼陳先生最多願付多少購買一份簡訊？

23. 王小姐有三條路線可以去上班，她可以完全走正義路，也可以走和平路去上班，或者走高速公路。交通狀態相當複雜，不過，當狀態好時，正義路是最快的路線。當正義路擁擠時，走其他路線較佳。在過去兩個月中，王小姐在各種不同的交通狀態下嘗試每一條路線數次。其結果彙總於下表：

單位：分鐘

	無交通阻塞	稍微交通阻塞	嚴重交通阻塞
正義路	10	25	40
和平路	15	20	30
高速公路	25	25	25

在過去 60 天中，王小姐遇到嚴重交通阻塞有 10 天，稍微交通阻塞有 20 天。假設過去 60 天的交通為典型的交通狀況。

(a). 製作此決策之決策表。

(b). 王小姐應走那條路？

(c). 王小姐想買一部收音機放在車上以便在上班前正確得知交通狀況。則王小姐平均可節省幾分鐘的時間？

(d). 請以決策樹解決此問題。

24. 在還沒有作市場調查前，李先生相信他哥哥的食品店會成功的機率為 0.5。而市調人員提供的資料是，假設未來食品店成功，則市調結果亦為成功的機率為 0.8，而如果未來食品店不成功，則市調結果亦為不成功的機率為 0.7。此項資訊乃根據過去經驗而得。

(a). 如果市調結果為成功，則李先生應將他哥哥的食品店會成功的機率修正為多少？

(b). 如果市調結果為不成功，則李先生應將他哥哥的食品店會成功的機率修正為多少？〔註：本題為貝氏法則之應用〕

25. 張先生是高雄市美味公司的管理者，該公司生產與椰子有關的產品。其中可口椰子餅一直是種很受歡迎的產品。其銷售量的機率列於下表：（每日）

需求量（盒）	機率
10	0.2
11	0.3
12	0.2
13	0.2
14	0.1

一盒可口椰子餅賣$100，且其成本為$75。所有在當日還未賣出的椰子餅都以每盒 50 元賣給該地的食品加工廠。且美味公司絕不賣隔夜的椰子餅。請問美味公司每日應生產多少盒椰子餅？

26. 趙小姐為某週報的販售小姐。通常她每個禮拜可賣 3000 份，且其銷售量有 70% 落在 2990 與 3010 之間。每份週刊的成本是$150，但可賣$350。當然，此週刊超過一個禮拜以後就沒有價值了。請問趙小姐每個禮拜應批購幾份週刊？（假設銷售量趨於常態分配）

第三章
存貨模式

§ 3-1 緒論

　　對很多公司而言，存貨是最重要的資產之一，約佔其所有資產的40%以上。管理者一方面必須減少存貨以減低成本，但另一方面，卻又必須增加存貨以避免缺貨的發生。如何保持適當的存貨水準，乃成為管理上的重要課題。

　　存貨是企業目前及未來的資源，其種類包括材料、在製品及製成品等。製成品之存量，直接決定於需求，而在決定製成品之存量後，即可推估各項材料數之水準。所有的企業都有某種存貨規劃控制系統，比如銀行之庫存現金，醫院之血庫與藥材，學校、政府機構及各種工商業組織之倉儲系統等。研究一個組織如何控制其存貨，即相當於研究其如何將物品或服務供應給顧客，以達到企業經營的目的。因此，如圖 3-1 所示，存貨系統在各部門間作穿針引線的工作，提供組織結合的功能。

　　在圖 3-1 之存貨控制系統中，需求預測由銷售部門為之，材料種類及數量之決定則與銷售、生產及材料部門皆有關，而存貨系統之制定、施行與控制為材料及會計部門之工作。至於回饋與修正，則須由各部門隨時提出修改意見，以使系統更臻完善。

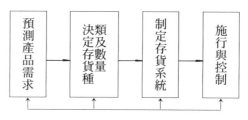

存貨控制系統之回饋與修正

圖 3-1 存貨規劃及控制程序

§ 3-2 存貨系統之功能與成本

首先, 我們來討論存貨系統的功能:

⑴. **使企業的運作更具彈性**: 比如某個製造過程須俟前一個過程結束後, 才可開始運作。但是如有存貨系統, 則可提早開始該項製造。

⑵. **儲存資源**: 這是存貨系統最基本的目的, 材料、半製品及製成品等, 總是需要有儲存的地方。

⑶. **調節供需**: 如農產品之供給集中於某些季節, 或者冷氣機之需求在夏季時達於高點等, 皆須賴存貨體制調節平衡之。

⑷. **避免漲價**: 如已知某項材料價格將上漲, 可先儲備。

⑸. **爭取折扣**: 一般而言, 大量採購可爭取較低單價。

⑹. **避免缺貨**: 缺貨與服務水準相關, 缺貨情形過多會使顧客流失, 因此應以存貨之方法避免之。

由上列敍述, 我們知道存貨體制之設立乃不可免。而整個存貨系統之控制重點乃在: ㈠何時訂購, 與㈡訂購多少。這兩項決策最主要是取決於全年存貨成本之最低者, 此外也需考慮到服務水準及其他公司主要的考慮因素。存貨的主要成本項目包括:

⑴. **物品成本**(Item cost)：即該項物品之製造或購買成本。

⑵. **訂購成本**(Ordering cost,)：包括郵費、電費、手續費、電話費及訂購人員之薪資等，凡爲訂購某種物品所發生之費用皆屬之。如果運費乃是於訂購時一次付給，而與訂購量無關時，亦可視爲訂購成本。此項成本一般以次數計算，而與訂購量多寡無關。

⑶. **倉儲成本**(Carrying 或 Holding cost)：包括物品成本之利息、保險、損壞、遺失、流失、稅負損失、處理費、設備費、水電費及倉儲人員薪資等。這項成本以單位計，且假設爲已知之常數。

⑷. **安全存貨成本**(Safety stock cost)：指在正常存貨水準之外，另外備有經常性之存貨，以避免缺貨之發生。此項成本之算法與倉儲成本相同。

⑸. **缺貨成本**(Stockout cost)：由於缺貨所引起的利潤減少或者商譽上的損失，可說是一種機會成本，一般以單位計，且假設爲已知常數。

在簡單的存貨模式中，全年或每日之需求量皆假設已由預測得知。而存貨系統的主要目的，即在滿足此項需求下，找出全年存貨成本爲最低者。每次之訂購量較多時，可減少訂購次數，故全年訂購成本較少，但是倉儲成本會增加；而訂購量少時，全年訂購次數會增加，訂購成本也跟著提高，但是倉儲成本則會減少。此外，安全存貨與缺貨間也存在著同樣的互補關係。我們現在來看一些存貨模式之實例，以幫助讀者了解如何在各項成本間找到一平衡點。

§ 3-3　經濟訂購量模式(EOQ model)

經濟訂購量是最簡單也是使用最廣的存貨模式。此模式之使用，須有下列假設：

(1). 每日需求爲已知常數。

(2). 前置時間(Lead time)，即從訂貨到貨物到手間之時間，爲已知常數。

(3). 一次訂購之貨物乃是整批進來，而非分次進貨。

(4). 不管每次訂購量爲多少，皆無折扣。

(5). 由於每日需求量皆爲已知常數，因此可控制存貨系統，不致有缺貨之情形發生。

我們先來看一實例，比較能了解此模式之架構。

〈例 3-1〉

成功麵包店估計每日需要兩包麵粉，假設每次麵粉之訂購成本估計爲$100，而前置時間爲兩星期。如果麵粉每包$200，而每包麵粉每年的倉儲成本估計爲麵粉價的10%，試問每次應訂購多少，且應於何時訂購，才可使全年存貨成本爲最低？

［解答］

首先我們由題意將各項資料彙整如下：

(1). **全年需求量 y：** 由於我們的目的是求年總成本爲最小，故首先找出年需求量爲 y＝2 包×365＝730 包。

(2). **全年物品成本：** 每包價格 C＝$200，故 730 包爲$200×730＝$146,000。

(3). **全年訂購成本：** 此項成本可由下列關係式求得，

全年訂購成本＝每次訂購成本×全年訂購次數，

而　全年訂購次數＝$\dfrac{每年需求量}{每次訂購量}$

故假設每次訂購成本爲 C_o，每次訂購量爲 Q，則，

全年訂購成本＝$C_o \times \dfrac{y}{Q} = \$100 \times \dfrac{730}{Q} = \dfrac{\$73,000}{Q}$

⑷. **全年倉儲成本**：此項成本可由下列關係式求得：

全年倉儲成本

＝每單位物品每年之倉儲成本×全年每日之平均存量

　由於每日之需求爲已知之常數(本題假設爲 2 包)，且每次之進貨量爲 Q，故全年每日之平均存量可以圖 3-2 表示之。很明顯的，全年每日之平均存貨爲最高與最低存貨量之平均值，故爲 $\dfrac{Q}{2}$。

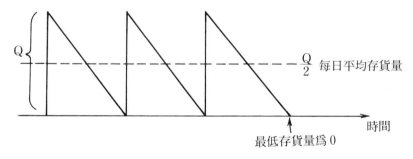

圖 3-2　EOQ 模型之存貨變動

　假設每單位物品之年倉儲成本爲 C_h，則全年倉儲成本可表示爲

全年倉儲成本＝$C_h \times \dfrac{Q}{2} = \$\overbrace{200 \times 10\%}^{C_h} \times \dfrac{Q}{2} = \$20\,\dfrac{Q}{2}$

[註: 由題意知倉儲成本爲每包麵粉成本的 10%]

(5). **全年總存貨成本**: 我們已由題意整理出各項成本, 故總成本爲,

全年總存貨成本

＝全年物品成本＋全年訂購成本＋全年倉儲成本

$$= C \times y + C_o \times \frac{y}{Q} + C_h \times \frac{Q}{2} \tag{3.1}$$

故本題之年存貨成本爲 $\$146,000 + \frac{\$73,000}{Q} + \$20 \times \frac{Q}{2}$。由此
式, 我們可發現物品成本 $\$146,000$ 爲已知常數, 不會影響到最
佳訂購量之決定。

(6). **找出使全年總存貨成本爲最小之訂購量 Q***: 我們由式(3.1)中
可得知全年總存貨成本僅決定於訂購與倉儲成本之和。當全年
訂購成本高於全年倉儲成本時, 我們會減少訂購次數以減低訂
購成本, 但這會引起全年倉儲成本之增加; 而當全年倉儲成本
高於全年訂購成本時, 我們會減少每次之訂購量以減少倉儲成
本, 但這會使全年之訂購次數及訂購成本增加。兩者之關係可
以圖 3-3 表示之。易言之, 最佳的訂購量必是一個可以使得這
兩項成本達於平衡的數量, 亦即須找出一個 Q*, 滿足

全年訂購成本＝全年倉儲成本

以數學式子表示之, 爲

$$C_o \times \frac{y}{Q^*} = C_h \times \frac{Q^*}{2}$$

將上式整理後, 可得

$$Q^{*2} = \frac{2\,C_o \cdot y}{C_h} \Rightarrow Q^* = \sqrt{\frac{2\,C_o y}{C_h}} \tag{3.2}$$

其中 Q* 表示最佳之訂購量。以例 3-1 爲例, $C_o = \$100$, $C_h =$

$20，而 y＝730，故 $Q^* = \sqrt{\dfrac{2 \times \$100 \times 730}{\$20}} = 85.4 \approx 85$

而全年之總存貨成本為

$$\$146{,}000 + \frac{\$73{,}000}{85} + \$20 \times \frac{85}{2} = \$147{,}708.8$$

故每次訂購 85 包，但於何時訂購呢？

⑺. **其他訂購資訊**：

全年訂購次數 $= \dfrac{\text{y}}{Q^*} = \dfrac{730}{85} = 8.58 \approx 9$（次）

訂購週期 $= \dfrac{\text{全年日數}}{\text{全年訂購次數}} = \dfrac{365}{9} = 40.5 \approx 41$（天）

　　亦即每隔 41 天訂購一次，而全年大約共訂購 9 次。此外，由題意知道，前置時間為兩星期，而每日之需求量為 2 包，故如以庫存量表示，則應在庫存尚有 28 包(2 包×14)時即需訂購 85 包，以免發生缺貨之情形。此 28 包之庫存量稱為**訂購點** (Reorder point)。

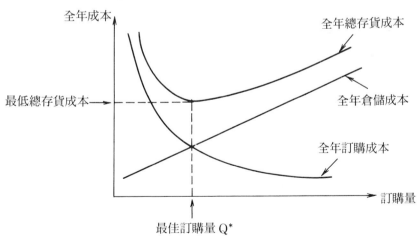

圖 3-3　全年總存貨成本與訂購及倉儲成本之關係

〔註：由於物品成本是常數，不影響成本之比較，故未列於圖中。〕

§3-4　EOQ 模式之敏感度分析

　　由 EOQ 模式的數學公式(3.2)中，我們可觀察到當倉儲或訂購成本或者需求量改變時，Q^* 之值亦將隨之改變，而探討這類改變對 Q^* 之影響，即稱爲**敏感度分析**。由該式我們知道，當需求量增加 4 倍時，Q^* 只增加 2 倍，

亦即 $Q^* = \sqrt{\dfrac{2 \times \$100 \times (730 \times 4)}{\$20}} = 170.8 \approx 171$

而當倉儲成本增加 4 倍時，Q^* 只變爲原來最佳訂購量之 $\dfrac{1}{2}$，亦即

$$Q^* = \sqrt{\dfrac{2 \times \$100 \times 730}{\$20 \times 4}} = 42.7 \approx 43$$

讀者可看出這些計算表示什麼嗎？仔細觀察，我們可知道 Q^* 的改變速度比右邊之 C_o，C_h 及 y 之改變慢得多，易言之，EOQ 模式是一個很不敏感之模式。

　　比如例 3-1，假設由於估計錯誤，年需求量之估計誤差達 30%時，則全年之需求量應爲 $730 \times 130\%$，而非原先估計之 730。如此一來，最佳訂購量應爲

$$Q^* = \sqrt{\dfrac{2 \times 100 \times 730 \times 130\%}{\$20}} = 97.4 \approx 97$$

而非原先所求得的 $Q^* = 85$。兩者相差 12，誤差爲 $\dfrac{12}{85} = 14\%$。如果以總成本之差別計算，則誤差更是微小。以本題爲例，正確的最佳訂購量 $Q^* = 97$ 時，成本爲(不包括物品成本，因爲物品成本爲常數，不影響兩者之比較)，

$$C_o \times \dfrac{y}{Q} + C_h \times \dfrac{Q}{2} = \$100 \times \dfrac{730 \times 130\%}{97} + \$20 \times \dfrac{97}{2} = \$1,948$$

而估計錯誤所求得的 $Q^*=85$ 時，成本爲

$$\$100 \times \frac{730 \times 130\%}{85} + \$20 \times \frac{85}{2} = \$1,967$$

故由於需求之估計錯誤所增加的成本誤差僅爲 1%（即

$\dfrac{\$1,967 - \$1,948}{\$1,948} = 1\%$）。由於 EOQ 模式對資料改變或錯誤之敏感度非

常低，因此這模式在實務方面，一直廣被應用。

　　將 EOQ 模式作適度修正，可使其更適合實際的情形。以下將列舉一些應用的實例說明之。

§3-5　製造業存貨模式

　　前面的 EOQ 模式，假設物品的進貨方式爲訂購後一次到達。但在實務上，有些物品之進貨方式爲分批或累積增加，比如製造業通常是銷售部門通知製造數量後，同時生產與供應銷售所需。我們先來看一實例。

〈例 3-2〉

　　假設例 3-1 中，成功麵包店有工廠自製麵粉，其每天可製造 20 包麵粉。在接到麵包部之生產通知後，該麵粉廠即可馬上生產並供應當日所需之麵粉(亦即無前置時間)。不過，每次麵粉廠開工生產，皆需機器開工成本(Set-up cost)$100。如果每包麵粉之製造成本亦是$200，而每包麵粉每年的倉儲成本亦估計爲麵粉價的 10%，試問每次開工時，應連續生產幾天，以使全年存貨成本爲最低？

[解答]

　　由於本題是一面製造，一面供應需求，因此存貨水準形成如圖 3-4 之形式。亦即在生產期間，扣除每日 2 包麵粉之需求外，尚有 18 包之剩餘，

因此每天是以 18 包麵粉存貨之速度累積,比如,生產期之第一天有 18 包
存貨, 第二天有 36 包, 第三天成為 54 包……等, 累積至生產期結束後,
則不再生產, 成為只有需求消耗之情形。

　　首先我們仍將成本分為開工與倉儲成本兩種(由於本題為自己製造,
故只有開工成本, 無訂購成本) 如下:

㈠全年開工成本＝每次開工成本×全年開工次數

$$=C_o \times \frac{y}{Q}$$

㈡全年倉儲成本＝每單位物品每年之倉儲成本×全年每日之平均存量

　　另由圖 3-4 可知

$$\text{全年每日之平均存量}=\frac{1}{2}(\text{每生產期內最高存量}+\text{每生產期內最低存量})$$

如果以 P 表示每日生產量, Q 表示每期總生產量, 則每生產期之生產日

數為 $\frac{Q}{P}$; 假設 d 為每日之需求量, 故生產期間每日之存貨累積為 P－d,
因此

$$\text{每生產期內最高存量}=\frac{Q}{P}(P-d)=Q(1-\frac{d}{P})$$

而很明顯的, 每生產期內最低存量為 0, 故全年每日之平均存量為

$$\frac{[0+Q(1-\frac{d}{P})]}{2}=\frac{Q}{2}(1-\frac{d}{P})$$

因此,

$$\text{全年倉儲成本}=C_h \times \frac{Q}{2}(1-\frac{d}{P})$$

　　和前述 EOQ 模式同樣的導法, 我們知道最佳訂購量 Q* 應滿足

$$C_o \times \frac{y}{Q^*} = C_h \times \frac{Q^*}{2}(1 - \frac{d}{P})$$

整理後，可得
$$Q^* = \sqrt{\frac{2\,C_o y}{C_h(1 - \frac{d}{P})}} \qquad\qquad (3.3)$$

和(3.2)式比較, (3.3)式僅在分母處多乘了一項 $1 - \frac{d}{P}$ 而已。$\frac{d}{P}$ 在實際上

之意義為每日產量之消耗率, 故 $1 - \frac{d}{P}$ 即是每日產量之剩餘率, 如以本

題為例: 消耗率為 $\frac{2\,包}{20\,包} = 10\%$, 而剩餘麵粉 18 包, 剩餘率為 $\frac{18\,包}{20\,包} = $

90%。故例 3-2, 每期之最佳生產量為

$$Q^* = \sqrt{\frac{2 \times \$100 \times 730}{\$20 \times 90\%}} = 90.1 \approx 90$$

而全年之生產與倉儲成本為

$$\$100 \times \frac{730}{90} + \$20 \times \frac{90}{2} \times 90\% = \$1,621$$

再加入全年物品成本$146,000, 則總存貨成本共為$147,621。　■

　　本題亦可考慮前置時間, 但由於此模式之前置時間與需求量, 及每
日存量有關, 牽涉到較複雜之計算, 不在本書之考慮範圍內。

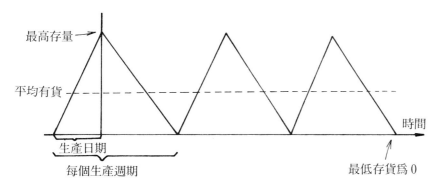

圖 3-4　製造業之存貨變動

§3-6 有折扣之 EOQ 模式

在實務上，如果大量採購，往往可爭取到折扣，因此當有折扣時，最佳訂購量不能僅取決於訂購成本與倉儲成本，而須加入物品成本之考慮。以下題為例說明之。

〈例 3-3〉

假設成功麵包廠向外訂購麵粉時，如每次訂購數量較大時，可爭取到折扣，其折扣數與每次訂購量 Q 關係如下：

數　量	每包麵粉價格
$0 \leq Q < 70$	\$200
$70 \leq Q < 150$	\$190（打九五折）
$150 \leq Q$	\$180（打九折）

假設每包麵粉每年的倉儲成本亦估計為麵粉價之 10%，而每次之訂購成本為 \$100，則每次應訂購多少？

［解答］

⑴. 計算各價格下之 EOQ：

首先，如果不管訂購數量之限制，我們可注意到此問題之麵粉價格有三種。以這三種不同麵粉價格，我們可求出其個別之單位年倉儲成本為

$$C_1 = \$200 \times 10\% = \$20$$

$$C_2 = \$190 \times 10\% = \$19$$

$C_3 = \$180 \times 10\% = \$18$

此外，其各別之 EOQ 模式之最佳訂購量為

$$Q_1^* = \sqrt{\frac{2\,C_0 y}{C_1}} = \sqrt{\frac{2 \times \$100 \times 730}{\$20}} = 85.4 \approx 85 \tag{3.4}$$

$$Q_2^* = \sqrt{\frac{2\,C_0 y}{C_2}} = \sqrt{\frac{2 \times \$100 \times 730}{\$19}} = 87.65 \approx 88 \tag{3.5}$$

$$Q_3^* = \sqrt{\frac{2\,C_0 y}{C_3}} = \sqrt{\frac{2 \times \$100 \times 730}{\$18}} = 90.1 \approx 90 \tag{3.6}$$

故當每包麵粉價為$200 時，最佳訂購量為$Q_1^* = 85$ 包。但事實上，訂購 85 包時，我們可得 5% 之折扣，因此 85 包並不是訂購量在 70 至 150 包間時之最佳訂購量；此外，當每包麵粉價格為$180 時，最佳訂購量為 90 包，但是訂購 90 包並不能取得$180 之價格，因此以每包$180 訂購 90 包，根本不可能。那麼本題之最佳訂購量應是 88 包，每包價格$190 嗎？

(2). **各折扣價格的總存貨成本線：**

實際上，本題可使用圖 3-5 表示各麵粉訂購區域間之成本函數。在圖中之粗線，表示在各訂購範圍內之全年存貨成本。由於此題有折扣，其總成本和物品之成本有關，因此

有折扣之存貨模式全年成本

$$= 全年物品成本 + 全年訂購成本 + 全年倉儲成本 \tag{3.7}$$

而圖 3-5, 即是計算各種折扣下，各種訂購數量之各項成本，並加總而得。有興趣的讀者，可試著先訂出數個不同的訂購量，再使用(3.7)式，分別計算成本後，劃出各點，並將之連成曲線即可。

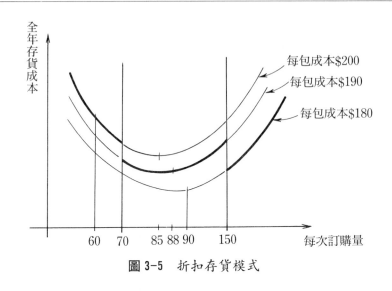

圖 3-5　折扣存貨模式

我們由圖 3-5 可觀察到，每包麵粉價格越高者，其總成本亦越高，這是因為在每次訂購量固定時，如 60 包，各種價格下之全年訂購成本皆相同(因為訂購次數與每次訂購成本皆相同)，但是物品及倉儲成本則與麵粉價格相關，其價格越高者，此兩項成本亦越高；而其價格越低者，成本越低。故事實上，不必經過實際之計算，我們即可畫出圖 3-5。不過，應該知道的是各種價格下的全年存貨成本之最低點應屬於那個折扣範圍，因為如前所述，某項價格下之最佳訂購量，並不在可允許之折扣範圍內，故無法以該價格購入。因此，本題正確的作法如下：

(3). **本題的解決步驟:**

(A). 不管各種價格的折扣範圍，先以(3.4)至(3.6)之方法求出各種價格之最低點。

(B). 大略劃出如圖 3-5 之成本比較圖，確定各種價格下之最佳訂購點 Q^* 在那個範圍，並在各範圍內，畫出該範圍可行價格之最低成本線。讀者由圖 3-5 可發現這成本線，在第一個範圍內，僅能選最高價，第二個範圍為次高價，第三個範圍為第三個高價……等，以此類推。

(C). 以(3.7)式或(3.1)式計算由第(B)步所求得之各範圍內之最低點之總成本，如圖 3-5。其各個折扣範圍內之最低訂購量及總成本分別是

訂購數	最低成本點	全　年　存　貨　成　本
$0 \leq Q < 70$	70	$\$200 \times 730 + \$100 \times \dfrac{730}{70} + \$20 \times \dfrac{70}{2} = \$147,742.9$
$70 \leq Q < 150$	88	$\$190 \times 730 + \$100 \times \dfrac{730}{88} + \$19 \times \dfrac{88}{2} = \$140,365.5$
$150 \leq Q$	150	$\$180 \times 730 + \$100 \times \dfrac{730}{150} + \$18 \times \dfrac{150}{2} = \$133,236.7$

表 3-1　例 3-3 各折扣範圍內之最低成本

(D). 由表 3-1 中，選擇總成本最低者爲最佳訂購量。如本題，當 $Q^* = 150$ 時，總成本爲\$133,236.7 爲最低，故應選擇每次訂購 150 包麵粉。

§ 3-7　安全存量及缺貨模式

前面的例子，皆假設每天之需求量爲固定，如每天需要 2 包。但在實務上，大部分的需求都無法如此固定。因此需考慮需求爲不固定之模式。由於需求不確定，因此實際的需求可能會超出實際的存貨水準，而引起缺貨之情形，爲避免缺貨，故須有安全存貨之準備。易言之，缺貨情形可藉由安全存量之設置，而改善之。如圖 3-6。由圖中，我們可注意到，缺貨之情形只有在前置時間內才會發生，若假使貨品可隨叫隨到，則不會有缺貨之情形發生。因此我們要考慮的是在前置時間內，應準備多少安全存貨，以備不時之需。亦即除了考慮訂購及倉儲成本外，尚須考慮缺貨成本，以下題爲例說明之。

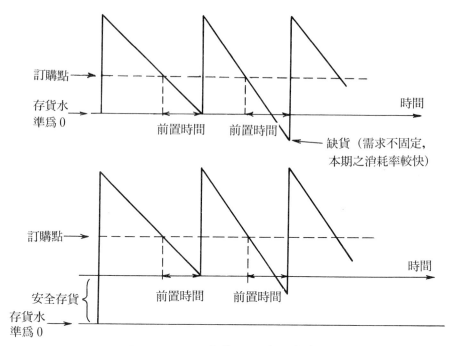

圖 3-6　安全存貨之改善缺貨情形

〈例 3-4〉

　　假設成功麵包店每日麵粉之需求並不固定，比如有時會因有人訂購喜餅而突然增加。另外在麵粉之需求上，分析人員以去年全年之需求，估計出今年全年的需求大概是 910 包。假設麵粉每包價格仍是$200，倉儲成本為麵包價之 10%，而訂購成本為$100。此外，缺貨成本以麵粉缺貨時所損失之利潤計算（如可由每包麵粉作多少個麵包，每個麵包賺多少錢估計），假設缺 1 包麵粉時缺貨成本（亦即利潤損失）估計為$50，前置時間估計為兩星期，而在前置時間內之需求估計如下：

前置時間（兩星期）內之需求	百分比(或機率)估計
16（包）	5%
25	25%
35	47%
49	20%
63	3%

試問訂購點、訂購量及安全存量應訂爲多少，以使總成本爲最低？

[解答]

本題有多種解法，我們選擇最簡單的方法解決之。其步驟如下：

(1). **以 EOQ 模式求出最佳訂購量**：雖然每日之需求並非固定，但可使用平均方法找出每日平均需求。亦即可假設每日之平均需求爲全年需求量除以總工作天數，即 $\frac{910\ 包}{365} \approx 2.5$（包）。此外，由於缺貨成本僅發生於前置時間內，故可暫時不考慮缺貨成本。換言之，首先以 EOQ 模式找出使訂購與倉儲成本和爲最小之訂購量，如下：

$$Q^* = \sqrt{\frac{2 \times \$100 \times 910}{\$20}} = 95.4 \approx 95 \text{（包）}$$

而每年訂購次數爲 $\frac{910}{95} = 9.6 \approx 10$（次）

(2). **決定訂購點**：由題目中，我們得知在前置時間內之平均需求爲

$16 \times 5\% + 25 \times 25\% + 35 \times 47\% + 49 \times 20\% + 63 \times 3\% = 35.2 \approx 35$

（讀者，亦可由全年之估計需求求得，亦即 $\frac{910}{52} \times 2 = 35$）

故在無安全存量下，訂購點可決定爲 35 包。

(3). **找出前置時間內各需求之安全存量**：當該期間內之需求小於訂購點 (即 35 包) 時，不需安全存量；而當該期間內之需求大於訂購點時，安全存量爲該需求與訂購點之差。計算結果如下：

前置時間內之需求	爲滿足該需求之安全存量 (或無安全存量時之缺貨數)	百分比
16 (包)	0	5%
25	0	25%
訂購點→ 35	0	47%
49	$49 - 35 = 14$	20%
63	$63 - 35 = 28$	3%

表 3-2 前置時間內滿足各需求之安全存量

(4). **計算各安全存量準備下，全年所增加之成本**：由表 3-2 得知，在訂購點訂爲 35 包時，安全存量可訂爲三種，即 0 包，14 包及 28 包，將之列於表 3-3 之第一欄。

安全存量 (一)	增加之倉儲成本 (二)	平均缺貨數 (三)	增加之缺貨成本 (四)	每年增加成本 (五)
0	\$0	$(14 \times 20\% + 28 \times 3\%) \times 10 = 36.4$	$\$50 \times 36.4 = \$1,820$	\$1,820
14	$\$20 \times 14 = \$280$	$14 \times 3\% \times 10 = 4.2$	$\$50 \times 4.2 = \$210$	$\$280 + \$210 = \$490$ ←最小
28	$\$20 \times 28 = \$560$	0	\$0	\$560

表 3-3 各種安全存量下所增加之倉儲及缺貨成本

表 3-3 之第二欄爲安全存量所增加之倉儲成本，即每單位物品

倉儲成本×安全存量數；第三欄是全年平均缺貨數，比如當安全存量為 0 時，由表 3-2 中，我們知道缺貨數是 14 個之機率為 20%，28 個之機率為 3%，而全年共有十次前置時間(因共訂購 10 次)，故平均缺貨數為$(14×20\%＋28×3\%)×10＝36.4$(安全存貨為 14 及 28 時之平均缺貨數之計算與此類似，讀者可自行驗算之)；第四欄為缺貨成本與平均缺貨數之乘積,即增加之缺貨成本；而第五欄為增加之倉儲與缺貨成本之和，也就是考慮到安全存量及缺貨成本時，每年會再增加之成本。因此，我們應選一最小者，為最佳的安全存量選擇。故選安全存量為 14，加上原先決定之訂購點 35，真正之訂購點應為 $35＋14＝49$。

(5). **年平均總成本**：在此存貨系統下，我們可計算其年平均存貨總成本為

$$\underbrace{\$200×910}_{物品成本}＋\underbrace{\$100×10}_{訂購成本}＋\underbrace{\$20×\frac{95}{2}}_{\substack{倉儲成本\\(不含安全存量)}}＋\underbrace{\$20×14}_{安全存量成本}＋\underbrace{\$50×4.2}_{缺貨成本}＝\$184,440$$

而其訂購點為 $35＋14＝49$, 即剩 49 包時訂購, 每次訂購 95 包。

　　本解答過程, 以前置時間內之平均需求 35 包為訂購點, 乃是比較簡略的辦法。事實上, 由於倉儲與缺貨成本間彼此消長, 在作更深入的分析時, 應考慮到其他不同的訂購點, 比如訂購點為 16,25,49 或 63 等。在分別求出各訂購點之各安全存量及年平均總成本後, 再由其中綜合選出一最小者。此外, 亦可使用微分的方法。不過, 這些深入的分析, 計算很繁雜, 不在本書之討論範圍內, 有興趣的讀者可參閱高孔廉之《作業研究》[10]。但有一點必須說明的是, 例 3-4 所求得的解, 不一定為最佳。因為如上述, 我們並未考慮所有的訂購點。不過, 該解已是很好的解, 在實務之應用上, 應很足夠了。

在上例中，我們考慮到缺貨成本，但有時缺貨成本並不容易估計，比如醫院由於欠缺藥品所引起之生命損失，並無法估計，因此缺貨之估算，可改以服務水準為之。比如，規定在前置時間內之缺貨機率不得超出百分之五等。以例 3-5 及例 3-6 為例。

〈例 3-5〉

在例 3-4 中，如欲使缺貨之機率低於 5%，訂購點應為如何？

[解答]

將表 3-2 整理後，可得下面之機率累積表，

累積機率	百分比
前置時間內需求量＜16 之機率	0%
前置時間內需求量≧16 之機率	100%
前置時間內需求量≧25 之機率	95%
前置時間內需求量≧35 之機率	70%
前置時間內需求量≧49 之機率	23%＞5%
前置時間內需求量≧63 之機率	3%＜5%

表 3-3　前置時間內需求量之累積機率

由表 3-3 中，我們知道為使缺貨之機率小於 5%，即表示我們最少得滿足 49 包之需求，否則缺貨之機率將大於 5%，故包括安全存量在內之訂購點應為 49 包。

事實上，讀者可能發現例 3-4 及例 3-5 中，各需求量間有差距存在。在實務上，我們可將實際的需求數畫分成幾個範圍，每個範圍求出其平均數，即可求得如例 3-4 及例 3-5 之需求數與機率。但是如果範圍很大

或者各個子範圍間差距頗大時（如在前例中，需求35與49間之差距很大，不甚合理），可考慮使用連續的方法做。尤其當資料類似常態分配時更是容易，如下例。

〈例 3-6〉

在例3-4中，前置時間內之需求分配蠻接近常態分配。如果以常態分配估計其間之需求，在缺貨率不超過5%之要求下，訂購點應是多少？

［解答］

首先求得前置時間內之平均需求為

$$\mu = 16 \times 5\% + 25 \times 25\% + 35 \times 47\% + 49 \times 20\% + 63 \times 3\% = 35 \text{ （包）},$$

而變異數為

$$\sigma^2 = (16-35)^2 \times 5\% + (25-35)^2 \times 25\% + (35-35)^2 \times 47\% + (49-35)^2$$
$$\times 20\% + (63-35)^2 \times 3\%$$
$$= 18.05 + 25 + 39.2 + 23.52 = 105.77$$

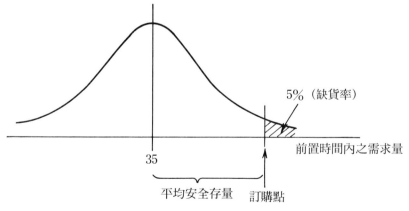

圖 3-7　缺貨率與安全存量

故$\sigma = 10.3$。為使缺貨機率小於5%，我們可查常態分配表，求得Z值，為$Z = 1.645$，如圖3-7，故平均安全存量應為$1.64 \times \sigma = 1.64 \times 10.3 =$

16.9≈17。故加上安全存量後，訂購點應爲 35＋17＝52。 ■

§3-8　接單式的存貨模式

前面的例子都是假設對物品的需求是一年以上或者是長期的，有些假設需求爲已知固定常數，或者爲隨機變數，但是其機率爲已知。這些例子，我們都以平均數的方法，以及 EOQ 模式解決之。現在假設需求爲已知，但不是固定常數。這種實例在接單式的製造業很常見，我們以例 3-7 說明之。

〈例 3-7〉

明台塑膠公司爲接單式製造工廠，目前未來五週 A 產品的訂單需求如下：

日　期	需求量
第一週	300
第二週	250
第三週	800
第四週	1200
第五週	600

假設該產品的單位製造成本爲$100，每週儲存成本爲該件商品的 1%，開工成本每次$1,000，請問你如何建議明台公司制定其製造過程？

[解答]

(1). **找出各週的累積需求量：**

首先，我們可整理出如下之累積需求量，

日期	累積需求量
第一週	300
第二週	550
第三週	1350
第四週	2550
第五週	3150

(2). 以 EOQ 模式求出第一週的製造量：

每週的平均需求量為 $\dfrac{3150}{5}=630$。假設這個是每週的需求量，我們可使用 EOQ 模式，得出每次製造量如下：

$$Q^*=\sqrt{\frac{2\times\$1,000\times630}{\$100\times0.01}}=1122.5$$

〔註：本 EOQ 模式內的倉儲成本及需求量是以週為單位〕

而 1122.5 介於 550 與 1350 間，較接近 1350，故第一週的製造量為 1350，亦即第一週的製造量可供應到第三週之需求。

(3). 找出第四週後的累積需求量如下，並以 EOQ 模式求出第四週的製造量。

日期	累積需求量
第四週	1200
第五週	1800

此二週之平均需求量為 1800／2＝900。故

$$Q^* = \sqrt{\frac{2 \times \$1000 \times 900}{100 \times 0.01}} = 1341.6$$

此數較靠近 1200，故第四週的製造量為 1200。只剩第五週的需求未被滿足，故第五週需製造 600。

⑷. **成本計算**

本題前面所計算的製造過程，其成本可整理如下：

	製造數	需求量	週末存貨	倉儲成本 （每單位$1）	開工成本 （每次$1,000）	總成本
第一週	1350	300	1050	$1,050	$1,000	$2,050
第二週	0	250	800	$800	$0	$800
第三週	0	800	0	$0	$0	$0
第四週	1200	1200	0	$0	$1,000	$1,000
第五週	600	600	0	$0	$1,000	$1,000
						$4,850

每週總成本為每週之倉儲與開工成本之和。

　　本法稱之為固定 EOQ 法。不過，本法所求得的解並非是最佳解，因為我們並未詳細計算各種可能製造程序之成本，只大概的以平均需求及 EOQ 模式算出各週之製造量。而當各週之需求量差別越小，以固定 EOQ 法所求得的解，越靠近最佳解。不過，固定 EOQ 法已足夠應付實務上之需要。另外亦可使用 Silver-Meal 法求解（請參閱高孔廉之《作業研究》[10]），尤其當需求差別很大時，Silver-Meal 法所求得的成本較固定

EOQ 法所求得的還小。不過 Silver-Meal 法也只是一種趨近法，並不能求得最佳解。本題最佳解，須使用動態規劃法求之。動態規劃是一種網路方法，可以解決很多難以下手的規劃問題，限於篇幅，無法敍述，有興趣的讀者，可自行參閱作業研究相關書籍。

§3-9　存貨系統之其他課題

　　前面所敍述者，皆是以數量方法，針對一種產品所作的存貨規劃。在實務上，存貨規劃還有其他必須考慮的因素。比如有數種貨品時，可使用 ABC 分析法將貨品依其重要性分為 A、B、C 三類，最重要者歸於 A 類，其次歸為 B 類，最不重要者歸為 C 類。A 類者須以 EOQ 等模式作詳細之存貨規劃，B 類者則可只針對其中一半以數量方法作規劃，另一半與 C 類則不需作詳細存貨規劃，只需在訂購 A 類貨品之同時，作貨品盤點及訂購。通常 C 類物品是一些最不重要的物品，如釘子、螺絲等。在 A 類物品訂購時，同時訂購 C 類產品，可節省一部分訂購成本。

　　此外，當貨品間有相互依存之關係時，可使用物料需求規劃(Material Requirement Planning; MRP)來處理。存貨決策最重要的問題是何時購買及購買多少，而當貨品間有相互依存之關係時，比如腳踏車製造須有輪胎、把手、車燈、腳踏板及車架等零件，這些零件之需求量全視最終產品腳踏車之需求量而定。故而制定腳踏車之存貨系統時，應同時決定各種零件之需求數量及需求日期，以期能在預定的時間內完成腳踏車之製造。如這些零件太早抵達，會增加存貨成本，太晚抵達，會延誤完工日期，因此對於各種零件之品質、數量及交貨時間須有確實之控制，整個存貨系統故而變得更加複雜。在這方面，MRP 可有效地幫助管理人員解決這個問題。MRP 之計算，並未用到數學公式，而是透過最終產品需求之計算，倒推各類零件之進貨量及進貨日期等。

ABC 分析及 MRP 在生產管理方面的書籍, 皆有詳細介紹, 有興趣的讀者可自行參閱之。

§3-10　本章摘要

⑴. 存貨系統的功能包括資源儲存、供需調節、爭取折扣、避免缺貨與漲價, 及使企業運作更具彈性。

⑵. 存貨系統主要的成本項目包括物品成本、訂購成本、倉儲成本、缺貨成本及安全存貨成本。

⑶. EOQ 模式是最簡單也是最廣被使用的存貨模式。在將其稍作修飾後, EOQ 模式可使用於許多實際的存貨問題上, 包括製造業存貨模式、有折扣之模式、安全存貨及缺貨模式與接單式存貨模式。

⑷. 關於 ABC 分析及 MRP 系統之簡要說明。

§3-11　作業

1. 爲什麼存貨對管理者而言, 是一項很重要的考慮因素?

2. 存貨控制的目的何在?

3. 在何種情況下, 存貨可用來當作對抗通貨膨脹的一種避險工具?

4. 爲何公司不會一直儲存大量的存貨以避免缺貨?

5. 試描述在存貨控制中, 所必須做的主要決策有那些?

6. 在使用經濟訂購量(Economic order quantity)時, 有那些假設?

7. 討論在決定經濟訂購量時, 有那些主要的存貨成本?

8. 何謂「訂購點」(Reorder point)? 它如何決定?

9. 「敏感度分析」(Sensitivity analysis)的目的爲何?

10. 在數量折扣模式中, 爲何倉儲成本被表示爲貨品單位成本的百分比,

而非固定之成本呢？（請參考例 3-3）

11. 簡要描述如何解一個數量折扣模式。

12. 討論知道及不知道缺貨成本(Stockout cost)兩種情況下，安全存貨的決定方法。

13. 敍述 ABC 分析之目的何在。

14. 成長電子公司，大螺絲釘的年需求量是 365000 個，林小姐在該公司擔任採購員。她估計每一次訂購的成本爲$500，此成本包括她的工資在內。並且，每個螺絲釘每年的倉儲成本是$2。請問她一次應訂購多少個螺絲釘？假設前置時間爲四天，請問訂購點爲多少？

15. 林小姐的老板認爲她一年訂購太多次螺絲釘了。他認爲一年應該訂購兩次。如果林小姐照她老板的指示去做，則她每年的成本會比第 14 題多出多少？如果每年只訂購兩次，則對「訂購點」(ROP)有何影響？

16. 蔡先生是崇尚文具公司經理。該公司由以往經驗知道鉛筆盒之年需求量是 4000 個。每個鉛筆盒的成本是$90，且存貨成本占總成本的 10%。蔡先生研究過，每次訂購成本是$25，並且從訂購到收貨約須兩個禮拜。在這段期間中，每個禮拜的需求量約爲 80 個。請問，

(a)經濟訂購量是多少？

(b)訂購點是多少？

(c)每年的總存貨成本是多少？

(d)每年的最佳訂購次數是多少？

(e)兩次訂購之間的最佳天數是多少？

17. 莊先生擁有一家生產電動剪刀的小公司。其每年的需求量是 8000 隻，且莊先生是分批生產剪刀。平均而言，每天可生產 150 隻剪刀，且在生產過程中，每天的剪刀需求量大約 40 隻。每次啓動生產的成本是$4,000，且每隻剪刀每年的倉儲成本是$30，請問莊先生每批應

生產多少隻剪刀?

18. 泰北五金公司每年唧筒(pump)的需求量為 1000 個。每個唧筒的成本是$500，泰北公司每次訂購的成本是$100，且其倉儲成本是單位成本的 20%。如果一次訂購 200 個，可以有 3%的折扣，請問泰北公司是否應該一次訂購 200 個以享受 3%的折扣?

19. 劉先生由於太忙而無法分析他公司的每一項存貨，下表是六種存貨的單位成本以及需求量

存貨號碼	單位成本	需求量
A 1	$ 584	1500
A 2	$ 540	1200
B 1	$ 115	900
C 2	$7,500	1100
B 2	$ 205	1110
C 1	$ 210	960

請問那些項目該用數量之存貨技術小心控制，那些項目無須密切控制?

20. 大大公司由各方面資料，決定今年將訂購 15 次 A 貨品。假設倉儲成本每單位每年是$8，而每單位缺貨成本是$20。試利用下列前置時間內之需求分配，找出最佳的安全存貨。

[註: 訂購點訂為 300 個]

前置時間內需求	機　率
200	0.1
250	0.2
訂購點（ＲＯＰ）→ 300	0.4
350	0.2
400	0.1

21. 兒童糖果公司在前置時間內的糖果禮盒需求為常態分配，即 Normal$(12,2^2)$，（平均數 12，標準差為 2，以打為單位）。如果該公司打算使其缺貨情形在 10%以下，你建議該公司應有多少安全存貨? (訂購點設為 12)。

22. 某製造商依照所接的訂單生產。銷售部門將未來五週的訂單整理如下：

週　　　別	需　求　量
第一週	40
第二週	27
第三週	50
第四週	65
第五週	85

(a)假設商品成本為$50，每週倉儲成本為每件商品的 1%，訂購成本每次$20，請問每週的生產量應為多少?

(b)如你已安排好未來五週的生產排程，但在第三週時，突然有一批緊急訂貨，須在該週出貨，你如何調整你的生產計劃?

第四章
等候模式

§4-1 緒論

　　等候的情況，每日都在發生，購物、吃飯、存款、辦手續、等紅綠燈、等接線生回答你的電話……，是與我們生活相關的等候情形；機器等候維修、卡車等待卸貨、飛機等候飛航、電腦程式等候上機……，是作業上的等候情形。本章目的在討論如何使用理論上所研究出來的排隊理論（Queuing theory），幫助管理者，分析其服務系統的效益。我們純粹利用已證得的結果作實例分析，並不探討其理論證明。

§4-2 等候系統的特性

　　任何一個等候體系，主要是由三個部分——到達、等候線及服務所構成。這三個部分所蘊涵的不同特點，乃是產生各種不同等候理論之要素。故在使用任何一個現成的等候模式於問題分析時，或者發展任何一套等候理論時，我們首要做的事情，即是檢驗這三個主要成分。茲分別說明如下：

㈠到達(Arrival)：

這個包括：

⑴. **投入母體(Calling population)**：即排隊體系的來源，其數額
可以是無限或有限者。比如，高速公路上經過繳費站的車子、
超市內的購物人數或提款機前的等候人羣等，皆爲投入母體，
是無限的例子。如果投入顧客是有限者，則問題將複雜許多，
這方面的例子是製造廠的製造機器有 10 部，其壞掉等待修護的
機器數即是有限的投入母體，因其投入最多者爲 10 部。不過在
實務上，如果母體夠大，即使其數額爲有限，仍可將其視爲無
限的投入體系，如學校內的學生註冊人數，或者某鄉鎮內餐廳
的到達人數，雖然學生及鄉鎮內的人數皆是有限，但其數額很
大，故可看成無限。

⑵. **到達型態**：一般而言，到達一個等候體系的型態，可以依照一
個既定的行程(如醫生和病人訂好時間，每 15 分鐘看一個，或
者老師導談，30 分鐘一位學生)，或者是隨機到達(Random-
ly)。如果到達者彼此間是獨立的，並不相互影響，而且其到達
時間是不可預測者，即是隨機的型態。多數的排隊現象，都是
隨機性的投入。在此情形下，每單位時間內的到達數，大多可
以使用波氏分配(Poisson distribution)來估計。不過，讀者在
使用波氏分配於問題分析時，須確定其到達分配確爲波氏分配，
否則分析結果將毫無意義。這個確定的過程牽涉到到達型態的
觀察、到達資料的繪製及使用統計上「適合度檢定」(Goodness
of fit)來分析。後者屬於較高階之統計方法，不在本書之討論
範圍內。較簡單的方法是將資料畫成圖，並和波氏分配理論上
的圖形，如圖4-1及圖4-2，或和波氏分配表之機率值(如

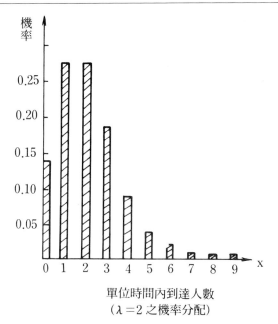

單位時間內到達人數
（λ＝2 之機率分配）

圖4-1　平均到達率爲 2 之波氏分配圖

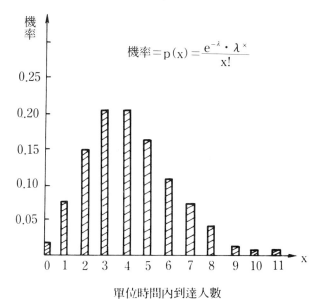

單位時間內到達人數
（λ＝4 之機率分配）

圖4-2　平均到達率爲 4 之波氏分配圖

附錄 B)相比較。如和該理論機率值頗吻合, 則可確定該到達型態爲波氏分配。

　　圖 4-1 及圖 4-2 表示的是當每單位時間內到達率爲 2 個及 4 個時之機率分配。比如圖 4-1 中, 在平均每單位小時到達 2 個時, 則在 1 小時內到達 0 個的機率約爲 14%, 1 個的機率約爲 27%, 2 個的機率約爲 27%……等, 而 9 個以上的機率則非常小; 圖 4-2 爲平均每單位小時到達 4 個的機率分配, 故在 1 小時內到達 0 個的機率約爲 2%, 1 個的機率約爲 7%, 2 個的機率約爲 15%……等, 而 11 個以上的機率則非常小。讀者可注意到, 當 $\lambda=2$ 時, 在 1 小時內到達 1 人及 2 人的機率爲最高, 27%; 而當 $\lambda=4$ 時, 在 1 小時內到達 3 人及 4 人的機率爲最高, 20%。此外, 我們亦可注意到波氏分配是右尾分配(即左邊從 0 開始, 右邊可到 ∞)。但是, 逐漸的, 當 λ 爲某些數時, 讀者可以發現其圖形漸趨於常態分配。

　　此外到達單位可能是個體或集體, 集體到達的型態很複雜, 不在本書討論範圍內。不過, 如果我們把到達的時間單位區隔得很小, 比如秒, 則集體到達的型態可視爲在一短時間內, 有很多個別單位陸續抵達, 加入排隊, 雖然這樣違背到達者間必須是獨立的理論假設, 但是在應用上, 與實際現象相距不遠, 讀者仍可將其應用到某些集體到達的例子上。比如, 上餐廳吃飯, 一般都是集體抵達, 但以個別抵達的方法解之, 差距並不大。

(3). **到達者的等候行爲**: 大部分的等候理論都假設每一位到達者都會加入等候線, 耐心的等候服務, 而不會離開或轉換等候線。即使有不耐等候而離去者, 如果其百分比不高(百分之五以下), 仍可視所有的顧客皆會等待到服務結束。但是如果由實際的觀察中，發現半途離開者的比率很高，則必須另以此類之等候理論分析之，此類等候模式理論上很複雜，較簡單的方法，是以模擬法分析之。不過，這兩種方法都不在本書討論範圍內。

此外，有一種情況，並非由於顧客的不耐等候，而是等候空間的限制。比如，停車場之停車位爲有限，在停滿後即不再接受新抵達的汽車等候停泊。不過，有時這類的例子，仍可看作是無容量限制的，比如餐廳的位置通常有限，但是一般顧客如願意等候，直到有空位時，則仍可以無容量限制的模式解決之。

㈡等候線(Waiting Line)：

這方面也就是等候或服務系統的服務順序。最普遍的服務順序是先進先出法(First-in, First-out rule; FIFO)，比如：超市的結帳順序、醫院的掛號秩序等。不過，在實務上，有些服務順序是採用優先 FIFO 法(Preempt FIFO)，比如：醫院優先醫治緊急病患、製造工廠的緊急接單、電腦 CPU 的優先處理某些程式等，皆是優先處理某些情況，而仍按照先進先出法處理未列於優先處理之等候者。此外，尚有後進先出(LIFO)之原則，這些原則屬於較特別的情況，本章的模式都依先進先出法處理。

事實上，等候線的容量限制亦是等候線的特點。當等候理論須考慮到等候線的容量時，則模式變得較複雜。

㈢服務(Service Facility)：

這方面可分爲服務系統結構及服務時間的型態兩種：

⑴. **服務系統結構**：服務系統主要由服務線(Service channel)及服務站(Service phase)所構成。服務線指的是平行(Parallel)的設備，比如兩條服務線，可同時服務兩個以上的顧客；而服

務站指的是連串(Series)的設備,亦即一位顧客的服務,須完成所有階段的服務站才算完成。各種服務系統之情形,如圖4-3至4-7所示。

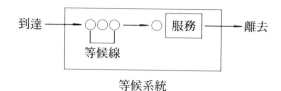

圖 4-3　單線單站排隊系統

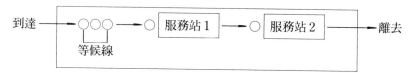

圖 4-4　單線多站（兩站）排隊系統

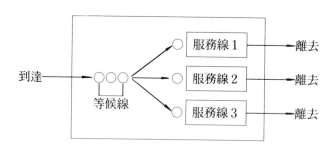

圖 4-5　多線（三線）單站排隊系統

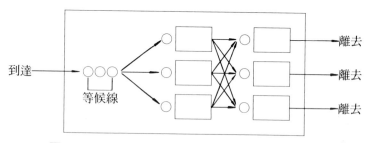

圖 4-6　多線（三線）多站（兩站）排隊系統

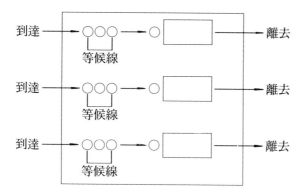

圖 4-7 多等候線多線單站排隊系統

圖 4-5 與圖 4-7 相比較時，讀者可發現這兩類的服務系統是一樣的，只是顧客抵達後等候的方式不同。圖 4-7 之模式較複雜，在實務上，可以模擬法確實找出其等候系統內之相關資料。不過，由於在實際上，圖 4-5 的情形較圖 4-7 普遍，而且事實上，如果等候系統乃是如圖 4-7 者，一般抵達者都會斟酌各隊等候的人數，而加入等候人數最少的隊伍等候直到服務結束，而這樣的等候方式近似於圖 4-5, 故圖 4-7 的等候系統可以圖 4-5 的系統求解。此外，多站式的排隊體系較複雜，因此本章所介紹的等候模式僅限於多線單站的形式，多站的等候模式，可參閱等候理論的專書。等候系統在理論上的探討，須用到高級機率理論，有興趣的讀者必須先熟習這些機率模式，才能瞭解各種系統的變化。

⑵. **服務時間的型態**: 服務的型態和到達的型態一樣，在時間的分配上可以是固定的，也可以是隨機的。固定者，表示每位顧客的服務時間都是相同的，典型的例子是以機器為服務者之生產線(生產線上各程序的製造時間是一樣的)，或者自動洗車裝備

等。在服務業方面，大部分的服務時間是隨機的，亦即每次的
服務時間是獨立、彼此無關的。最被普遍使用的隨機服務時間
分配是指數分配(Exponential distribution)。如圖 4-8。

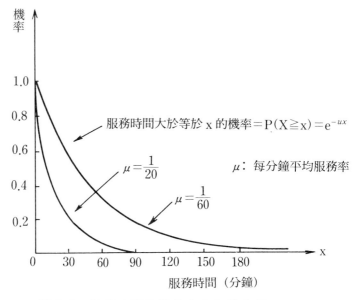

圖 4-8 *服務時間為指數分配之機率圖*

圖 4-8 的解釋是當每分鐘平均服務率為 $\frac{1}{20}$(即平均每位顧

客之服務時間 20 分鐘) 及 $\frac{1}{60}$ (即平均每位顧客之服務時間 60

分鐘) 的機率函數。此機率函數表示的是服務時間大於等於 x

的機率(即 $P(X \geq x)$)。比如當 $\mu = \frac{1}{20}$ 時，一個顧客所需的服務

時間大於 30 分鐘的機率約為 0.2；而當 $\mu = \frac{1}{60}$ 時，一個顧客所

需服務的時間大於 30 分鐘的機率為 0.6。此外我們也可看出，

當 $\mu = \dfrac{1}{20}$ 時，服務時間大於 90 分鐘的機率很小，這是很明顯的，因爲如果平均每位顧客的服務時間只需要 20 分鐘，則很不可能發生服務一位顧客需要 90 分鐘的情形。另外，當 μ 越小時，其機率曲線會在越上面，這也是很明顯的結果，因爲 μ 越小，表示每位顧客所需的平均服務時間越長，這樣當然會使得服務時間超過某個特定數的機率越大。不過這些機率函數曲線都有同樣的特點，即都是從縱軸上的機率爲 1 開始（這表示服務時間大於 0 的機率爲 1）往右呈指數下降，且 μ 值越大者下降越快，因爲如每分鐘的平均服務率越高（即 μ 越大），所需服務的時間超過某個特定數之機率會越小。

　　同樣的，在應用上，我們必須確定實際的服務型態爲指數分配，否則分析結果可能毫無意義。故我們必須觀察、記錄每位顧客之服務時間，繪製成圖，和理論上的指數分配作比較，以確定之。此外，波氏分配和指數分配事實上是相同的機率分配，只是前者從次數上，而後者從時間上探討其機率理論。而在習慣上，到達型態以波氏分配表示；服務型態以指數機率分配表示。

§ 4-3　等候系統的名詞

等候線系統一般以一個簡短的符號表示如下：

　　到達之機率分配／服務時間之分配／服務線的數目

當到達及服務之機率分配爲波氏或指數分配時［註：從時間上而言，稱之爲指數分配；從次數上而言，稱之爲波氏分配］，以 M 表示；爲常數時，以 D 表示；為一般機率分配時，以 G 表示。比如，M／M／2，表示到達之機率分配為波氏分配，服務時間之分配為指數分配，而 2 表示有兩條服務線。至於其他較複雜的模式，需另加註釋，由於這些超出本書範圍，故不擬再另外敘述。本書將介紹較簡單的 M／M／1，M／M／m 及 M／D／1 模式。

研究等候系統，最重要的是研究不同等候線下之等候線長度、等候時間、及必須等候的機率等。由於這些都與等候理論所導出的數學公式有關，所以我們必須先說明一些符號如下：

λ：單位時間內之平均到達率。

μ：單位時間內每條服務線之服務率。

$\dfrac{1}{\lambda}$：兩個到達者間之平均間隔時間。

$\dfrac{1}{\mu}$：平均每人服務時間。

P：服務設備使用率(Utilization factor)，即 $P=\dfrac{\lambda}{\mu}$，而當有 m 個服務線時則為 $\dfrac{\lambda}{m\mu}$。

L：系統內的平均等候人數（包括正在被服務者）。

L_q：在等候線上的平均等候人數。

W：系統內的平均等候時間（包括被服務時間）。

W_q：在等候線上的平均等候時間。

P_0：系統內沒人的機率，亦即不必等候，可馬上被服務的機率。故 $1-P_0$ 即必須等候服務的機率。

P_n：系統內有 n 個人的機率（包括正被服務者）。

$P_{n\geq k}$：系統內有 k 個以上（包括 k）顧客的機率。

由於等候系統之理論證明，牽涉到複雜的數學技巧，因此我們在敘述各等候模式時，將只敍述該模式之理論假設及結果之應用，而不講解其理論證明。

§4-4　M／M／1等候系統

本等候系統有下列假設條件，必須這些條件都滿足，才能使用本模式：

(1). 到達者與到達者間是彼此獨立的，間隔時間也可能不一樣，但是平均到達率是固定的，不會隨著時間的不同而改變。

(2). 到達型態爲波氏機率分配之型態，且投入母體爲一很大的數。

(3). 所有等候者無中途離開者（註：在實務上，如中途離開者之比率在5%以下，仍可使用）。

(4). 服務的順序是先進先出原則。

(5). 每位顧客的服務時間是彼此獨立的，而且可能皆不相同，但是平均服務時間是一樣的，不會因時間不同而改變。

(6). 服務型態爲指數機率分配之型態。

(7). $\mu > \lambda$，即平均服務率大於平均到達率。這是必須的假設，在理論上，可證明當 $\mu \le \lambda$ 時，等候線上的人數可達到 ∞。

在上列假設下，我們可導出下列公式

(1). $L = \dfrac{\lambda}{\mu - \lambda}$　$\left(L = L_q + \dfrac{\lambda}{\mu}\right)$ $\hspace{4cm}$ (4.1)

(2). $W = \dfrac{1}{\mu - \lambda}$　$\left(W = W_q + \dfrac{1}{\mu}\right)$ $\hspace{4cm}$ (4.2)

(3). $L_q = \dfrac{\lambda^2}{\mu\,(\mu - \lambda)}$ $\hspace{6cm}$ (4.3)

(4). $W_q = \dfrac{\lambda}{\mu\,(\mu - \lambda)}$ $\hspace{6cm}$ (4.4)

(5). $P_n = \rho^n (1-\rho)$, $\rho = \dfrac{\lambda}{\mu}$, $n \geq 0$ (4.5)

(6). $P_{n \geq k} = \rho^k$, $k \geq 1$ (4.6)

　　這些公式內各符號所代表的意義已於 4-3 節中詳述,讀者可參閱之。此外,我們可以找到 L 與 L_q 及 W 與 W_q 之關係,敍述如下。由於整個等候系統內的人數是等候線上的等候人數與正接受服務的人數之和,而由於 $\mu > \lambda$,即服務率大於到達率,故事實上,服務設備並未完全被使用。其未被使用率也就是該服務設備沒人的平均比率,而其使用率也就是該服務設備有人的平均比率。故正接受服務的平均人數即為該服務設備的使用率,即為 $\dfrac{\lambda}{\mu}$。所以 $L = L_q + \dfrac{\lambda}{\mu}$。此外,整個系統的等候時間是在等候線上的等候時間和服務時間之和,而平均每個人的服務時間是 $\dfrac{1}{\mu}$,故 $W = W_q + \dfrac{1}{\mu}$。

　　我們舉例說明 M／M／1 之應用實例如下:

〈例 4-1〉

　　成功超市,設有一結帳櫃臺,每分鐘平均可結帳 10 人。而由其專設之顧客計數表知道平均每分鐘有 9 位顧客到該超市購買。該店老板經觀察後,發現該店顧客到達的型態接近波氏分配,而結帳時間則接近指數分配。請問

　　(1). 平均有多少人在櫃臺等候?

　　(2). 每個人從排隊到離開櫃臺,平均要多少時間?

　　(3). 平均有多少人正等著結帳?

　　(4). 每個人平均要等多久,才能等到結帳?

　　(5). 結帳櫃臺的使用情形如何?

(6). 如果你到該超市購物，不用等候結帳的機會是多少？需要等候結帳的機會是多少？在你要結帳時，發現前面有 5 個人以上的機會是多少？你滿意這個櫃臺的服務嗎？

[解答]

每分鐘可結帳 10 人，故 $\mu=10$。而每分鐘到達 9 人，故 $\lambda=9$。由公式 (4.1) 至 (4.6)，我們可得

(1). $L=\dfrac{\lambda}{\mu-\lambda}=\dfrac{9}{10-9}=9$，平均有 9 人在櫃臺等候。

(2). $W=\dfrac{1}{\mu-\lambda}=\dfrac{1}{10-9}=1$，從排隊到離開櫃臺，每人平均需 1 分鐘。

(3). $L_q=\dfrac{\lambda^2}{\mu\,(\mu-\lambda)}=\dfrac{9^2}{10\,(10-9)}=8.1$，平均有 8.1 人正等著結帳。

〔亦可由 $L_q=L-\dfrac{\lambda}{\mu}=9-\dfrac{9}{10}=8.1$ 求得〕

(4). $W_q=\dfrac{\lambda}{\mu\,(\mu-\lambda)}=\dfrac{9}{10\,(10-9)}=0.9$，平均每人要等 0.9 分鐘才可等到結帳。

〔亦可由 $W_q=W-\dfrac{1}{\mu}=1-\dfrac{1}{10}=0.9$ 求得〕

(5). $\rho=\dfrac{\lambda}{\mu}=\dfrac{9}{10}=0.9$，結帳櫃臺的使用率是 90%。

(6). ⓐ不用等候結帳時，應是櫃臺皆無人時，亦即求 P_0 之機率。而

$P_0=\rho^0\,(1-\rho)=1-\rho=1-\dfrac{9}{10}=\dfrac{1}{10}$，故不用等候的機會為 $\dfrac{1}{10}$。

ⓑ而需要等候的機會為該櫃臺有一個以上的人在等候結帳時，亦即求 $P_{n\geq1}$，而 $P_{n\geq1}=\rho^1=\rho=\dfrac{9}{10}$。（亦可由 $P_{n\geq1}=1-P_0=1-\dfrac{1}{10}=\dfrac{9}{10}$ 求得），故需要等候結帳的機會是 $\dfrac{9}{10}$。

ⓒ在要結帳時，發現前面已有5個人以上的機會爲$P_5 = \rho^5 = (\frac{9}{10})^5$ $= 0.59$，即 59%。

ⓓ雖然該櫃臺不用等候的機會僅 $\frac{1}{10}$，而且需等候 5 個以上的人結帳的機會達 59%。但是，在等候線上的平均等候時間只 0.9 分鐘，整個結帳過程總共也才需 1 分鐘（因爲其櫃臺的服務速度很快），這樣的服務速度尙差強人意，不過櫃臺的結帳情形過分擁擠，恐會留給顧客不良印象，故仍需改善。

§ 4-5 M／M／m 等候系統

本等候系統的假設，在到達的型態與 M／M／1 相同，不同處在服務線，現在有 m 個服務線。我們假設這 m 條服務線有相同的服務率 μ，且彼此間是獨立的，故此模式每單位時間之服務率爲 $m\mu$。但是 $m\mu$ 需大於 λ，即所有服務線之服務率和需大於到達率。至於每條服務線上的服務型態也和 M／M／1 時相同，服務的順序也是先進先出原則。由於現有多條服務線，在等候程序上，我們假設等候線只有一條，而只要有任何一條服務線有空缺，下一個等候者即可前往接受服務。這樣的例子，是如圖 4-5 之服務系統，至於圖 4-7 之例，在各等候線人數能維持一致時，仍可使用本法解決。

在上述之假設下，我們可導出下列公式，

(1). $P_0 = \dfrac{1}{\left[\sum\limits_{n=0}^{n=m-1} \dfrac{1}{n!}(\dfrac{\lambda}{\mu})^n\right] + \dfrac{1}{m!}(\dfrac{\lambda}{\mu})^m \cdot \dfrac{m\mu}{m\mu - \lambda}}$, for $m\mu > \lambda$ (4.7)

(2). $L = \dfrac{\lambda\mu(\dfrac{\lambda}{\mu})^m}{(m-1)! \, (m\mu - \lambda)^2} P_0 + \dfrac{\lambda}{\mu}$ (4.8)

(3). $W = \dfrac{\mu(\frac{\lambda}{\mu})^m}{(m-1)! \, (m\mu-\lambda)^2} P_0 + \dfrac{1}{\mu} = \dfrac{L}{\lambda}$ 　　　　　(4.9)

(4). $L_q = L - \dfrac{\lambda}{\mu}$ 　　　　　(4.10)

(5). $W_q = W - \dfrac{1}{\mu} = \dfrac{L_q}{\lambda}$ 　　　　　(4.11)

(6). $\rho = \dfrac{\lambda}{m\mu}$ 　　　　　(4.12)

(7). $P_n = \begin{cases} \dfrac{(\frac{\lambda}{\mu})^n}{n!} P_0, & 1 \leq n < m \\[3mm] \dfrac{(\frac{\lambda}{\mu})^n}{m! \cdot m^{n-m}} P_0, & m \leq n < \infty \end{cases}$ 　　　　　(4.13)

利用這些公式，我們說明 M／M／m 之應用實例如下：

〈例 4-2〉

假設在例 4-1 中，增設一結帳櫃臺。其結帳率亦為每分鐘 10 人，且接近指數分配，請問

(1). 你到該櫃臺不需等候的機會？

(2). 平均有多少人在櫃臺等候？

(3). 每個人從排隊到離開櫃臺平均要多久？

(4). 平均有多少人正等著結帳？

(5). 每個人平均要等多久，才能等到結帳？

(6). 每個結帳櫃臺的使用情形如何？

(7). 這樣的服務情形，是否有明顯的改善？

[解答]

本題仍為 $\lambda=9$，$\mu=10$ 而 $m=2$。將公式 (4.8) 至 (4.12) 應用到本

題, 可得

(1). $P_0 = \cfrac{1}{[\sum\limits_{n=0}^{n=m-1} \frac{1}{n!}(\frac{\lambda}{\mu})^n] + \frac{1}{m!}(\frac{\lambda}{\mu})^m \cdot \frac{m\mu}{m\mu-\lambda}}$

$= \cfrac{1}{[\sum\limits_{n=0}^{1} \frac{1}{n!}(\frac{9}{10})^n] + \frac{1}{2!}(\frac{9}{10})^2 \cdot \frac{20}{20-9}}$

$= \cfrac{1}{1 + 0.9 + \frac{1}{2} \times 0.81 \times \frac{20}{11}}$

$= 0.38$

櫃臺沒人, 也就是不需等候的機會為 38%, 而需等候的機率為 $1 - 0.38 = 0.62$。

(2). $L = \cfrac{\lambda\mu \ (\frac{\lambda}{\mu})^m}{(m-1)!(m\mu-\lambda)^2} P_0 + \frac{\lambda}{\mu}$

$= \cfrac{90 \ (\frac{9}{10})^2}{(2-1)!(20-9)^2} \times 0.38 + \frac{9}{10}$

$= \cfrac{90 \times 0.81}{11^2} \times 0.38 + 0.9 = 1.13$

故平均有 1.13 人在櫃臺等候。

(3). $W = \frac{L}{\lambda} = \frac{1.13}{9} = 0.13$ (分鐘)

故每個人從排隊到離開櫃臺需 0.13 分鐘。

(4). $L_q = L - \frac{\lambda}{\mu} = 1.13 - \frac{9}{10} = 0.23$

故平均僅有 0.23 人正等著結帳。

(5). $W_q = W - \frac{1}{\mu} = 0.13 - \frac{1}{10} = 0.03$ (分鐘)

故每個人平均僅需等 0.03 分鐘, 即可等到結帳。

⑹. $\rho = \dfrac{\lambda}{m\mu} = \dfrac{9}{20} = 0.45$

　　故每個櫃臺的使用率僅達 45%，不到一半。

⑺. 和例 4-1 相比較，我們可整理出如下之結果：

	一個櫃臺	兩個櫃臺
不需等候的機率	0.10	0.38
在櫃臺邊等候的平均人數(L)	9（人）	1.13（人）
平均每個人所需的總等候時間(W)	1（分鐘）	0.13（分鐘）
等著結帳的平均人數(L_q)	8.1（人）	0.23（人）
平均每個人等候結帳的時間(W_q)	0.9（分鐘）	0.03（分鐘）
每個櫃臺的使用率(ρ)	90%	45%

　　由這個比較結果，我們可發現，其服務情形改善很多，可立即結帳的機會達到 38%，而且從排隊到結完帳所需的時間減少近 90%，即由 1 分鐘減到只需 0.13 分鐘；此外等著結帳的人，平均由 8.1 人減少到只有 0.23 人，結帳的情形可說是隨到隨服務。不過，在只有一個櫃臺時，該櫃臺可說是已充分利用，使用率已達到 90%，略嫌過重。而在有二個櫃臺時，每一個櫃臺的使用率尚低，還不到一半。那應該再增設一個櫃臺嗎？這得視該店老板的態度及顧客是否對一個結帳櫃臺的結帳情形是否很不滿意而定。如果老板願意改善服務水準，或者顧客頻頻提出改善服務的要求，則可能再增設一個櫃臺會較理想。此外，由於櫃臺服務情形的改善，可能可以增加顧客的光顧率，這樣抵達率λ就會增加，如此更可增加公司的收入，而由於λ增加，服務設備的使用率就會提高（因為 $\rho = \dfrac{\lambda}{m\mu}$）。這樣，老板就不會覺得服務設備空閒的情形過高了。不過，如抵

達率λ增加，則所有的 L、W、L_q、W_q 及 P_0 都必須重新計算，就不是原先 $\lambda=9$ 時的數字了。

　　由前面的敍述，我們知道 M／M／m 等候問題之各項公式計算取決於到達率λ、服務率μ 及服務櫃臺數 m，因此只要知道λ、μ 及 m 之值，即可求出等候時間、等候長度……等數據。事實上，根據不同之λ、μ 及 m 我們可整理出如表 4-1 之數據。表 4-1 爲在不同的 m 及 $\dfrac{\lambda}{\mu}$ 值下之等候服務長度 L_q。比如例 4-2 中，兩個結帳櫃臺的速度皆爲每分鐘 10 人，故 m＝2，μ＝10；而到達率爲每分鐘 9 人，故λ＝9。因此，由表 4-1 中，我們可查出 $\dfrac{\lambda}{\mu}$＝0.9，m＝2 時之等候長度 L_q＝0.2285。在 L_q 找出後，我們即可利用公式 (4.10) 及 (4.11) 找出 L、W_q 及 W 之值。這些留待讀者自行解之。讀者會發現所求得的 L、W_q 及 W 值和例 4-2 所求出者相同。我們再以例 4-3 說明表 4-1 之應用。

	m 值（即服務櫃臺數）				
$\dfrac{\lambda}{\mu}$	1	2	3	4	5
.10	.0111				
.15	.0264	.0008			
.20	.0500	.0020			
.25	.0833	.0039			
.30	.1285	.0069			
.35	.1884	.0110			
.40	.2666	.0166			
.45	.3681	.0239	.0019		
.50	.5000	.0333	.0030		
.55	.6722	.0449	.0043		
.60	.9000	.0593	.0061		
.65	1.2071	.0767	.0084		
.70	1.6333	.0976	.0112		
.75	2.2500	.1227	.0147		
.80	3.2000	.1523	.0189		
.85	4.8166	.1873	.0239	.0031	
.90	8.1000	.2285	.0300	.0041	
.95	18.0500	.2767	.0371	.0053	
1.0		.3333	.0454	.0067	
1.2		.6748	.0904	.0158	
1.4		1.3449	.1778	.0324	.0059
1.6		2.8444	.3128	.0604	.0121
1.8		7.6734	.5320	.1051	.0227
2.0			.8888	.1739	.0398
2.2			1.4907	.2770	.0659
2.4			2.1261	.4305	.1047
2.6			4.9322	.6581	.1609
2.8			12.2724	1.0000	.2411
3.0				1.5282	.3541
3.2				2.3856	.5128
3.4				3.9060	.7365
3.6				7.0893	1.0550
3.8				16.9366	1.5184
4.0					2.2164
4.2					3.3269
4.4					5.2675
4.6					9.2885
4.8					21.6384

表 4-1　各種 $\dfrac{\lambda}{\mu}$ 值及服務櫃臺數之 L_q 值

〔註：本表取自 Elwood S. Buffa 之 *Modern Production Management: Managing the Operations Function,* 5 th edition, 1977。〕

〈例 4-3〉

在例 4-2 中，如到達率提高兩倍，即每分鐘到達 18 人，而每個櫃臺的服務率不變，仍爲每分鐘服務 10 人，則欲使等候服務的人數 (L_q) 小於 5 人時，須準備幾個服務櫃臺，才可滿足此項要求？

［解答］

本題資料 $\lambda = 18$，$\mu = 10$，故 $\frac{\lambda}{\mu} = 1.8$。由表 4-1 中，我們可發現，在 $\frac{\lambda}{\mu} = 1.8$ 之列，有數據 7.6734、0.5320、0.1051 及 0.0227，分別表示 m = 2、3、4 及 5 之等候人數 L_q。由於 7.6734 > 5，表示 m = 2 時，無法滿足 $L_q < 5$ 之要求，故 m 至少須爲 3，亦即至少須準備 3 個櫃臺，才能滿足該要求。

§ 4-6　M／D／1 等候系統

在前面所講的兩個例子中，每條服務線的服務時間都假設爲隨機的，其服務時間從幾乎是零到∞，皆有可能。在服務業方面大都是這類的例子。不過，在使用機器作爲服務設備時，也有很多情形，其服務時間是固定的。這些例子如自動洗車、自助洗衣店的洗衣機及烘乾機、高速公路上特製錢幣的投幣機等，只要是服務時間爲一個定數時，或者其服務時間的誤差在百分之五以內時，皆屬之。在這個模式下，即使其固定服務時間和 M／M／1 系統的平均服務時間相同，M／D／1 系統的平均等候人數或等候時間都會較 M／M／1 系統少，這是因爲服務時間既然固定，所需服務時間爲很大的情形就不可能發生（而 M／M／1 模式則可能發生所需服務時間很長的情形），故不致引起很長的排隊情形。因此在平均上，M／D／1 之等候人數及等候時間都會較 M／M／1 小。

本模式爲 M／D／1，故到達型態之假設和 M／M／1 完全相同，其服務順序也是先進先出原則，唯一不同處在，本模式的服務時間對任何一位顧客而言，都是固定常數。利用這些假設，我們可導出下列相關公式：

(1). $L_q = \dfrac{\lambda^2}{2\mu\ (\mu-\lambda)}$ (4.14)

(2). $W_q = \dfrac{\lambda}{2\mu\ (\mu-\lambda)}$ (4.15)

(3). $L = L_q + \dfrac{\lambda}{\mu}$ (4.16)

(4). $W = W_q + \dfrac{1}{\mu}$ (4.17)

我們舉例 4-4 說明這些公式的應用。

〈例 4-4〉

李先生想要開一家洗車廠，但決定不下應該使用自動機器，或僱請工人洗車。李先生多方蒐集資料後，知道以人工洗車，一部車平均需要 22 分鐘，而且其洗車時間之型態呈指數分配；而機器洗車，一部車固定需要 5 分鐘。在成本方面，一位工人每小時的薪資爲$100；而一部自動洗車機需要 1 百萬臺幣，每小時電費需$250。如果該車廠每星期日休假，每天開業 12 小時。另假設平均每小時來洗車的車子有 10 部，且其抵達型態呈波氏分配。現李先生想保持其服務水準，使平均等候洗車的車數不超過 5 部，以使所有來洗車的車子，都會耐心等候，不會中途離開，則你對李先生有何建議。

［解答］

本題每分鐘抵達的車數爲 1 小時 10 部，故$\lambda=10$。現在我們分機器洗車及人工洗車來討論。

(1). **機器洗車**：

機器洗車模式爲 M／D／1 之模式。因其每部車洗車時間固定

需時 5 分鐘，故服務率 $\mu_1 = \dfrac{60}{5} = 12$ 部／時。現李先生要求平均

等候洗車的車數不得超過 5 部，亦即 $L_q \leqq 5$。利用公式(4.14)，

我們可得

$$L_q = \frac{\lambda^2}{2\mu_1\,(\mu_1 - \lambda)} = \frac{10^2}{2 \times 12 \times\,(12 - 10)} = \frac{100}{48} = 2.08 \leqq 5$$

所以購買一部機器洗車，即可滿足等候車數小於 5 之需求。

而 $W_q = \dfrac{\lambda}{2\mu!\,(\mu_1 - \lambda)} = \dfrac{10}{2 \times 12 \times\,(12 - 10)} = \dfrac{10}{48}$

$$= 0.208\ （時）= 12.5\ （分鐘）$$

(2). **人工洗車**：

每位工人的洗車率爲 $\mu_2 = \dfrac{60}{22} = 2.73$ 部／時。首先我們要決定需

僱用多少工人，才能滿足李先生對於等候車數不得超過 5 部的

要求。由於每部車的洗車時間呈指數分配，故本題之人工洗車

模式爲 M／M／m 模式。由公式(4.7)，我們知道 $m\mu_2$ 須大於

λ，亦即 m 須大於 $\dfrac{\lambda}{\mu_2} = \dfrac{10}{2.73} = 3.66$。表示我們所僱用的洗車工

人數，最少需要4人，否則等候的人數將成爲 ∞。另由公式

(4.7)、(4.8) 及 (4.10)，我們可得

$$L_q = \frac{\lambda\mu_2(\frac{\lambda}{\mu_2})^m}{(m-1)!(m\mu_2 - \lambda)^2}$$

$$\times \frac{1}{[\sum_{n=0}^{m-1} \frac{1}{n!}\,(\frac{\lambda}{\mu_2})^{\,n}] + \frac{1}{m!}(\frac{\lambda}{\mu_2})^m \cdot \frac{m\mu_2}{m\mu_2 - \lambda}} \tag{4.18}$$

故當 m＝4 時，

$$L_q = \frac{10 \times 2.73 \times (3.66)^4}{(4-1)! \, (4 \times 2.73 - 10)^2}$$

$$\times \frac{1}{\sum\limits_{n=0}^{3} \frac{1}{n!}(\frac{10}{2.73})^n + \frac{1}{4!}(\frac{10}{2.73})^4 \cdot \frac{4 \times 2.73}{4 \times 2.73 - 10}}$$

$$= 8.91 > 5$$

且由(4.11)，可得

$$W_q = \frac{8.91}{10} = 0.891 \ (時) = 53.5 (分鐘)$$

其無法滿足李先生對於等候車數不得超過 5 部的要求，且每部車的等候時間也過長。所以必需再增 1 人，即需 5 位工人。將 (4.18) 式中的 m 換為 5，重新計算，可得出有 5 位工人時，

$$L_q = 1.18 < 5, \ 而 \ W_q = \frac{L_q}{\lambda} = \frac{1.18}{10} = 0.118 (時) = 7.1 (分鐘),$$

故可滿足李先生的要求。

(3). 成本與等候系統之比較

由上面各等候車數，等候時間之計算，我們可得下面之成本表:

	機器	人工
平均等候洗車數	2.08	1.18
平均在等候線上等待時間	12.5(分鐘)	7.1(分鐘)
平均總等候時間(包括洗車)	17.5(分鐘)	29.1(分鐘)
電費(每年)	$936,000($250 \times 12 \times 6 \times 52$)	$0
設備成本	$1,000,000	$0
人工成本(每年)	$0	$1,872,000($100 \times 12 \times 5 \times 6 \times 52$)

故機器洗車, 一年的總成本爲$1,936,000。人工洗車的總成本爲
$1,872,000。假設機器與人工洗車都同樣乾淨的話, 如純從成本上來
比較, 第一年的總成本, 以人工洗車較便宜。但如果李先生打算經
營數年的洗車業時, 則可能應選擇機器洗車。因爲這兩種洗車方式,
總成本差別僅爲$64,000。而自第二年後, 李先生即不需購買機器設
備, 其費用僅有電費而已。但如僱用人工, 則第二年仍須花費$1,872,
000, 還可能因工資上漲而須花費更多的錢。因此, 李先生除了考慮
上列成本外, 還須考慮其經營的年數, 以便攤提機器設備費用。不
過可以下結論的是, 如果機器無殘值, 而李先生只打算經營一年以
內的時間, 應選擇人工洗車; 一年以上時, 則應選擇機器洗車。如
果機器有殘值, 尚須考慮殘值。此外, 還須注意的問題是人工洗車
會使顧客覺得較親切, 但機器洗車總時間較短, 比如在表中, 平均
總等候時間, 機器洗車需時 17.5 分鐘, 而人工洗車則需 29.1 分鐘。
因此, 除了成本的考量外, 還須考慮這些無法數量化的因素, 以選
出最佳的策略。

§4-7 本章摘要

⑴. 任何一個等候系統的特性決定於到達、等候線及服務的不同。

⑵. 最普遍的到達與服務的型態爲指數分配或波氏分配; 最普遍的服務
順序是先進先出法。

⑶. 介紹三種較常見的等候系統, M／M／1, M／M／m 及 M／D／1,
並分別舉例說明其應用的情形。

§4-8 作業

1. 等候系統由那些部分所構成?

2. 等候系統的到達型態及服務型態, 一般作何假設? 須滿足何種機率分配?

3. 敍述等候系統的種類。請以圖例說明之。

4. 何謂 M／M／1、M／M／m 及 M／D／1 模式?

5. M／M／1 等候系統有那些假設? 爲何其服務率必須大於到達率?

6. 請說明先進先出與後進先出服務系統之不同。請舉例說明之。

7. 請舉例說明等候線有容量限制之等候系統。

8. 請以圖形畫出下列各等候系統的結構 (請參考圖 4-3 至圖 4-7)。

   ⒜. 理髮店。

   ⒝. 超級市場結帳櫃臺。

   ⒞. 郵局郵票購買櫃臺。

   ⒟. 學校自助餐廳。

   ⒠. 洗車站。

9. 在第 8 題之各等候系統中, 那些系統集體到達之情形較多? 如果以 M／M／1 模式解之, 須作那些假設?

10. 華中工專的自助餐廳採開放式選菜型態方式, 在點完菜後, 則形成一列等候隊伍等待結帳。假設學生的到達率爲每分鐘 5 人, 結帳速度每位顧客需 10 秒。此外並假設到達情況爲波氏分配, 結帳時間爲指數分配, 請問

    ⒜. 無人在結帳之機率爲多少?

    ⒝. 有 2 人、3 人及 4 人在結帳之機率?

    ⒞. 平均每人需等多久, 才可輪到結帳?

⒟. 平均有多少人在等著結帳?

⒠. 在櫃臺處, 平均有多少人等在那裏?

⒡. 假設增加一櫃臺, 而等候線的型態仍為一條等候線。則上述(a)至(e)之答案會有何改變?

11. 遠西百貨公司有郵購專線, 有一位專人在負責填寫顧客的郵購單。當顧客打電話進來郵購時, 如該郵購專線佔線時, 會有自動答錄機告知顧客稍等並播放音樂, 以等候該專人接聽電話。所有等候訂購的電話, 採取先到先服務的型態。假設每小時之郵購數為 15, 且型態為波氏分配; 而該專人填寫一份訂購單, 平均需時 3 分鐘, 並滿足指數分配。假設該專人每小時之工資為$150, 顧客等候所引起的商譽損失為每小時$700 (因為有些顧客可能會不耐等候, 而切斷電話, 或者以後即不再郵購該公司產品, 使該公司之利潤受到損失), 請問

⒜. 平均每通郵購電話需等多久, 才可輪到它訂購?

⒝. 平均有多少通電話在等著郵購?

⒞. 假設遠西公司打算再添一位郵購專員, 每小時工資亦是$150, 你認為應該僱用嗎? 為什麼?

12. 下列表格, 為濟世醫院門診部不同時段每小時之看病人數。該醫院採取先到先看之方式。假設到達率及服務率皆為波氏分配, 而醫生看病的速度, 一位病人平均需 10 分鐘。假設, 該醫院欲使每位病人等候門診的時間不超過 6 分鐘, 請問在各不同時段, 該醫院應僱用多少醫生?

時　　　　　　間	每小時看病人數（平均）
9:00a.m.—12:00a.m.	6 人
2:00p.m.— 6:00p.m.	3 人
7:00p.m.—10:00p.m.	10 人

13. 某咖啡自動販賣機，製造一杯咖啡的速度固定為 15 秒。假設到該機器購買咖啡的人數平均每分鐘 3 人，且滿足波氏分配，請問

(a). 平均有多少人在排隊等著買咖啡（不包括正取用者）？

(b). 平均有多少人在該機器邊等著？

(c). 平均需等候多久，才能輪到取用咖啡？

第五章
線性規劃

§5-1 緒論

資源的運用與分配，是管理決策上的大問題。企業資源包括機器、人工、資金、時間、空間及材料。運用這些資源，企業製造產品與服務，前者如食物、衣服、傢俱或機器，而後者如廣告策略、生產排程、投資組合或人員編派。

線性規劃(LP; Linear Programming)是企劃管理者經常使用，以有效分配資源的數量模式。在此處，「Programming」一詞譯成規劃，表示以數學模式解決問題，並非一般所稱的「Program」(電腦程式)，也異於「Planning」(企劃，策劃，亦有譯成規劃者)。不過，線性規劃與這兩者，皆有關係：線性規劃是「企劃」工具之一，而其求解過程通常須使用電腦程式。

線性規劃是所有數量方法中，理論發展最完備者，此外，其模式結構很明顯——有目標函數及限制式，而這兩者，一般而言，是管理決策者在作規劃時最應注意之事。此外，數量方法得以蓬勃發展，乃導因於1950年代線性規劃問題及其解法之提出，故而線性規劃模式之研究，乃數量分析人員之必修課程。本章主要在討論線性規劃模式之成立要件、成立過程及應用情形，解決方法將於下章再詳敍。

§5-2 線性規劃問題之成立要件

線性規劃在過去 30 年，被廣泛使用於軍事、工程、財務、行銷、會計及農業問題上。雖然其應用範圍很廣泛，但所有線性規劃問題(LP problems)，都有四個共同點：

⑴. **有目標函數(Objective function)**：亦即問題之目的都在使某個數值為最大(Maximize)或最小(Minimize)，如企業目的需求利潤最大或者成本最小。

⑵. **有限制條件(Constraints)**：或稱為限制式。如產品製造不能超出固有材料數 (≦之形式)，或者須滿足最低需求量 (≧之形式)。

⑶. **有不同的選擇方案(Alternative action)**：如製造兩種產品，應能選擇將所有材料用於製造第一種產品？或者二種產品各製造同樣的數量？或者依照某種比率製造？……。如無替代方案，或者某一方案明顯的優於其他選擇時，就無使用線性規劃模式之必要。

⑷. **目標函數與限制式皆為線性**：如 $2x+5y=10$ 是線性函數，而 $2x^2+5y=10$ 或 $2e^x+5y=10$ 則不是。

〔註：對「函數」定義不熟者，請先參閱高中數學教科書，以了解函數之定義。〕

此外，在線性規劃之使用技術上，其模式內之資料，尚有五個假設條件，必須注意：

⑴. **確定性(Certainty)**：目標函數及限制式內之數據皆須假設為已知且確定，並且在該規劃期間內，這些資料皆不會改變。

⑵. **比例性(Proportionality)**：問題在資源的使用及目標函數的

設定上，須能假設具有比例性質。比如，某產品之製造時間，每單位需 3 分鐘，則 10 單位，需時 30 分鐘；而在利潤上，每單位賺\$100，則 5 單位可賺\$500。

(3).**可加性(Additivity)**：表示各項活動(activity)間，彼此獨立，而其總體活動為個別活動之和。如第一項產品每單位賺\$ 8，第二項產品每單位賺\$ 6，則兩種產品各生產 1 單位時，共可賺\$14；而在資源使用上，每單位之製造，第一項產品需時 5 分鐘，第二項產品需時 7 分鐘，則各製造一單位共需要 12 分鐘之時間。

(4).**可分割性(Divisibility)**：亦即問題之答案，不一定為整數，可以是小數。

(5).**非負性(Nonnegativity)**：問題的所有答案都須大於或等於零，不能為負數。

為滿足上面諸假設，線性規劃的使用似乎頗受限制。不過，實際問題與這些假設，並無很大的差異，有時稍作修改，即可使用之。比如資金的運用、材料的需求或者工時的累積，在實務上，一般皆以固定增加之比率計算之，即使有遞減或遞增之情形，亦可以線性方法趨近。換言之，很多現象可近似地滿足線性關係，也可說是滿足上述之(2)及(3)項假設，因為所謂的「線性」，即由比例性及可加性所構成。此外，很多答案皆具可分割性，如半桶汽油、三分之一工時、\$102.5 元等；即使無法分割，比如人、車子、椅子等，亦可四捨五入為整數，因此，分割性的滿足，並非難事。而答案的非負性，本來就滿足實際的情形，因為產出或者資源的分配，都不可能有「負」的情況出現。至於資料的確定性假設無法滿足時，可使用敏感度分析，研究資料的變動範圍，以探討問題的不確定性。

總言之，任何欲以線性規劃法解決之問題，皆須滿足上述諸假設。

而在實務上，很多問題本身，經過修改，即可滿足這些條件。因此，線性規劃法是很實際的方法，使用情形，非常普遍。

§5-3　線性規劃過程

產品組合問題，是最常使用線性規劃者。這類問題是如何使用有限的人力、機器及材料等資源，製造兩種以上產品，以賺取最大利潤。公式化(Formulation)，是將問題寫成數學符號及模式。我們現在就先來看一個產品組合問題及將其模式化之步驟，以了解如何將問題化成(Formulate)線性規劃模式。

〈例 5-1〉

大大傢俱公司製造兩種產品——桌子及椅子。這兩種產品的製造，都需要黏製與上色兩個過程。據師父們之估計，每張桌子在黏製上，需要 8 小時，在上色方面，需要 4 小時；而每張椅子在黏製上，需要 6 小時，上色方面，則需要 2 小時。本生產期，估計可使用的黏製時間為 480 小時，上色時間為 200 小時；而每張桌子可賺$14，每張椅子可賺$10。假設所製造的產品，可全部賣出。試問，你建議大大公司，應生產多少張桌子與椅子？

［解答］

模式化步驟：

⑴. 首先，我們把這問題所提供的資料，整理成如下之表格：

	每單位產品所需要的時間		
產品	黏製	上色	利潤
桌子	8 小時	4 小時	$14
椅子	6 小時	2 小時	$10
可供使用之時間	480 小時	200 小時	

表 5-1　大大傢俱公司製造桌椅之相關資料

(2). **決定決策變數**(Decision variable)：決策變數是問題中，我們所想要知道的某個決定的答案。在數量方法上，問題的答案，應以數據表示。比如本問題所要決定的是桌子及椅子個別之製造數，因此本題之決策變數可定義為：

$$x_1 = 桌子的製造數$$
$$x_2 = 椅子的製造數$$

(3). **決定限制條件**：由題意，我們知道桌椅之製造，受到黏製及上色工時之限制，亦即所有使用的黏製及上色工時，不得超出可使用的時間。如將其公式化，則為

每張桌子的黏製工時×桌子的製造數＋每張椅子的黏製工時×椅子的製造數≦所有的黏製工時，

每張桌子的上色工時×桌子的製造數＋每張椅子的上色工時×椅子的製造數≦所有的上色工時。

將表 5-1 內之資料及前一個步驟所假設的決策變數代入，則可得限制式如下：

$$8 x_1 + 6 x_2 \leqq 480 \text{ —— 黏製工時之限制式}$$
$$4 x_1 + 2 x_2 \leqq 200 \text{ —— 上色工時之限制式}$$

⑷. **決定目標函數**：雖然題目並沒明顯寫出目的何在，但在資源供給已確定的情形下(如本題的黏製及上色工時皆固定)，我們應考慮的是如何使用這些資源，創造最大的利潤。因此本題之目標爲使下列之值爲最大：

每張桌子之利潤×桌子之製造數＋每張椅子之利潤×椅子之製造數。

代入利潤值，將其數據化，可得目標值：
$$\text{Maximize：} \$14 x_1 + \$10 x_2$$

⑸. **寫成線性規劃模式**：將上面所列出之限制式及目標函數，寫在一起，如下：

Maximize: $\$14 x_1 + 10 x_2$

s. t. $8 x_1 + 6 x_2 \leqq 480$

$4 x_1 + 2 x_2 \leqq 200$

$x_1 \geqq 0$

$x_2 \geqq 0$

上示者，即爲典型的線性規劃模式。s. t.爲"Subject to"之簡寫，表示受限於右列之限制式。讀者可注意到，我們在最後加入了二個非負限制式，即 $x_1 \geqq 0$，$x_2 \geqq 0$。這兩個限制式，表示在運算過程中，所有的變數須保持非負值。

上述之步驟，與第一章內所提到的模式之進行步驟類似。先從問題的確認與資料整理開始，繼之以文字敍述將問題模式化，再代入數據整理而得。這些步驟，也是其他數量模式之進行步驟。

例 5-1 之解爲 $x_1 = 30$，$x_2 = 40$，而利潤爲$\$14 \times 30 + \$10 \times 40 = \$820$，

亦即製造 30 張桌子、40 張椅子可賺最多錢$820。至於其詳細的解答方法，將於下兩章，再敍述之。本章以下，將討論線性規劃之應用。

§5-4 線性規劃之應用

　　最早將線性規劃方法，使用於較具實用價值的分析上，是在 1947 年末。該問題爲一飲食規劃問題，有 27 個變數，9 個等限制式，當時共使用了 120 個工作天才計算完成。今天，電腦已可在數分鐘內，解決 10000 個變數，5000 個限制式之線性規劃問題。因此，線性規劃的學習，應由方法導向轉變爲應用導向，亦即應加強學習如何將各種實際問題，化成線性規劃模式，並以電腦解決之。至於方法上之學習，則需了解其解答過程中，各類數據所代表的意義，以有助於問題的詮釋、模式之應用及作敏感度分析，除了研究及程式編寫人員外，深入的研究並無必要。有鑑於此，本書先討論線性規劃之應用，而將解決方法敍述於後。

　　以下所討論的應用範圍，涉及很多企業領域，有些題目規模，與實際問題相比，可能較小，讀者或許會認爲不切實用。不過，事實上，實際問題之規劃程序也是大同小異。此外，多作不同題目的練習，可以熟習方法與技術，將有助於特殊問題之規劃。

㈠行銷方面

　　使用於媒體之選擇或者市場調查人數之決定等，舉例如下。

〈例 5-2〉　媒體選擇問題

　　太子公司新出產一種產品，正在思考應使用何種廣告媒體，以使該產品能有最高的曝光率。該公司每週的廣告預算爲$200,000。廣告公司蒐集了下列資料，供太子公司參考。此外，太子公司早已與廣播電臺簽約，每週至少須購買 5 次收音機廣告時間。而其主管爲了節省經費，認爲每週收音機之廣告費用不得超出$45,000。你對太子公司的廣告策略，有何建議?

媒　　　體	所接觸到的觀眾或聽眾(每次)	每次收費($)	每週可買到的次數
電視(每分鐘)	5000	$20,000	12
日報($\frac{1}{4}$頁)	8500	$23,125	5
收音機(半分鐘，強打時間)	2400	$7,250	25
收音機(1分鐘，午後)	2800	$9,500	20

表 5-2　廣告公司提供太子公司之媒體資料

[解答]

　　本題主要是決定每週各廣告媒體之購買次數，故

(1). **決策變數**:

x_1＝每週購買電視廣告之次數，每次 1 分鐘

x_2＝每週購買日報廣告之次數

x_3＝每週購買強打時間之收音機廣告之次數，每次半分鐘

x_4＝每週購買午後收音機廣告之次數，每次 1 分鐘

(2). **目標函數**: 使曝光率最高，亦即有最多的聽眾或觀眾人數，故爲

maximize: $5000 x_1 + 8500 x_2 + 2400 x_3 + 2800 x_4$

(3). **限制式**: s. t. $x_1 \leq 12$ (每週電視廣告可購買到之次數)

$x_2 \leq 5$(每週日報廣告可購買到之次數)

$x_3 \leq 25$(每週收音機強打廣告時間可購買到之次數)

$x_4 \leq 20$(每週收音機午後廣告時間可購買到之次數)

$20,000\ x_1 + \$23,125\ x_2 + \$7,250\ x_3 + \$9,500\ x_4 \leqq \$200,000$（每週廣告預算）

$\quad x_3 + x_4 \geqq 5$（每週收音機廣告之最少次數）

$\quad \$7,250\ x_3 + \$9,500\ x_4 \leqq \$45,000$（收音機廣告之最高預算）

$\quad x_1, x_2, x_3, x_4 \geqq 0$

⑷. 本題之解經電腦運算，可得 $x_1 = 1.9$（電視）

$$x_2 = 5 \quad（日報）$$

$$x_3 = 6.2 \quad（強打收音機廣告）$$

$$x_4 = 0 \quad（午後收音機廣告）$$

由於 x_1 及 x_3 爲小數，可將 x_1 化整爲 2，而 x_3 化整爲 6。將這些數值代入目標函數，可估算出每週大概有 66900 個聽衆或觀衆，會收聽或收看到這產品之廣告，而每週所花費的廣告費爲$199,125（＝$20,000 × 2 ＋ $23,125 × 5 ＋ $7,250 × 6 ＋ $9,500 × 0）。

〈例 5-3〉　行銷研究問題──決定各區域之調查人數

臺北市場調查公司想要作有關公平交易法之調查。根據臺灣各行業之做事人口及調查地區之差異，這家公司認爲這項調查的抽樣對象，須滿足下列條件:

⑴. 總抽樣人數至少需 2300 人。

⑵. 其中至少有 800 人從事工業。

⑶. 其中至少有 500 人從事商業。

⑷. 其中至少有 300 人爲公敎人員。

⑸. 至少有 15% 的人住在南部地區。

⑹. 在從事工業之人口中，最多只能有 80% 的人住在北部地區。

由於公司地點在臺北，電話費使得南部地區之調查費用，普遍高於北部地區；另外由於約談時間之不易配合，工業從業人員的調查費用高於商業人員，而商業人員之調查費用又高於公教人員。經該公司仔細計算後，其各地區、各種從業人員之調查費用如下表：

地 區	每次之調查費用		
	工 業	商 業	公 教
北 部	$ 68	$ 61	$ 55
南 部	$ 75	$ 72	$ 69

請問你對本題目之抽樣人口，有何意見?

[解答]

本問題主要在決定各地區各從業人口之抽樣數，故

(1). **決策變數**：

$$x_1 = 北部地區，工業從業者之抽樣數$$
$$x_2 = 北部地區，商業從業者之抽樣數$$
$$x_3 = 北部地區，公教從業者之抽樣數$$
$$x_4 = 南部地區，工業從業者之抽樣數$$
$$x_5 = 南部地區，商業從業者之抽樣數$$
$$x_6 = 南部地區，公教從業者之抽樣數$$

(2). **目標函數**：目的應是使這次調查之費用為最低，各地區各種從業人口之調查費用如表所示，將數值代入，可得

$$minimize： \$68 x_1 + \$61 x_2 + \$55 x_3 + \$75 x_4$$
$$+ \$72 x_5 + \$69 x_6$$

(3). **限制式**：$x_1 + x_2 + x_3 + x_4 + x_5 + x_6 \geqq 2300$（總抽樣人數）

$x_1 \qquad\quad + x_4 \qquad\qquad \geqq 800$（800 人以上從事工業）

$\qquad x_2 \qquad\quad + x_5 \qquad \geqq 500$（500 人以上從事商業）

$\qquad\qquad x_3 \qquad\quad + x_6 \geqq 300$（300 人以上為公教人員）

$(x_4 + x_5 + x_6) \geqq 0.15 \ (x_1 + x_2 + x_3 + x_4 + x_5 + x_6)$

（至少有 15% 以上住在南部地區）

$x_1 \leqq 0.8 \ (x_1 + x_4)$ （工業人口中，最多只能有 80% 的人住在北部）

$x_1, x_2, x_3, x_4, x_5, x_6 \geqq 0$

(4). 本題各地區各行業的抽樣人數，經由電腦運算，可求得：

地　　區	工　　業	商　　業	公　　教
北　　部	455	500	1000
南　　部	345	0	0

而其目標函數為 $142,315，亦即此項調查共需花費 $142,315。

㈡生產方面

　　生產是使用線性規劃模式最多的領域。因為一般而言，企業的目的即在各種限制下，如配合各部門功能——財務、銷售、工會及合約等方面之需求，謀求各項產出產品上之最大利潤。此外，生產排程是企業之經常性工作，如果其目標函數及限制條件皆已設置妥當，則每月只需稍作資料之修正，即可提出新的工作排程，可減輕大量的規劃工作。在這方面我們亦列舉兩個應用實例。

〈例 5-4〉　產品組合問題

　　南南紡織公司裁製的襯衫，分四個等級，其差異主要是使用材料的不同，其材料有絲、棉及聚酯(Polyester)三種。其中絲質襯衫為100%全絲，棉質襯衫為100%棉，而混紡品有兩種，第一種為棉、聚酯各半，第二種棉佔70%而聚酯佔30%。由供應商處所得到的材料價格及每月供應量如下：

材　料	每碼價格 $	每月可供應之碼數
絲	$630	1200
聚酯	$180	13400
棉	$270	22000

　　南南公司與三三行簽有契約，每月至少需供給三三行一定數量的各類襯衫。此外，三三行每月皆作銷售預估，並提供南南公司參考。南南公司根據契約及三三行之預估，將資料作了下列之整理：

襯衫種類	售價(件)	契約上之最低供給量	下月銷售預估	所需布料(碼)	材　料
全絲	$2,000	600	750	1.8	100%絲
全棉	$680	4500	13000	1.2	100%棉
混紡一	$600	12000	15000	1.0	50%-棉 50%-聚酯
混紡二	$630	6000	8500	1.0	70%-棉 30%-聚酯

你建議南南公司下月應生產多少?

[解答]

(1). **決策變數**: 本題主要是決定各類襯衫之製造數, 故

x_1＝下月全絲襯衫之製造數

x_2＝下月全棉襯衫之製造數

x_3＝下月混紡一襯衫之製造數

x_4＝下月混紡二襯衫之製造數

(2). **目標函數**: 本問題有各類產品的最低供給需求及最高之銷售預測, 故其目的應在滿足這些條件的情況下, 使利潤爲最大。故南南公司首先應計算每件襯衫所能賺的錢, 亦即

利潤／件＝售價／件－成本／件,

其利潤計算如下:

(a). **全絲襯衫**: $\$2,000-\$630\times1.8=\$866$

(b). **全棉襯衫**: $\$680-\$270\times1.2=\$356$

(c). **混紡一襯衫**: $\$600-\$180\times0.5-\$270\times0.5=\$375$

(d). **混紡二襯衫**: $\$630-\$180\times0.3-\$270\times0.7=\$387$

故目標函數爲:

maximize: $\$866\,x_1+\$356\,x_2+\$375\,x_3+\$387\,x_4$

(3). **限制式**: $1.8\,x_1\leqq1200$ （絲料碼數）

$1.2\,x_2+0.75\,x_3+1.05\,x_4\leqq22000$ （棉料碼數）

$\left[\begin{array}{l}\text{註: 混紡一所需棉料碼數: } 1.5\times50\%=0.75(\text{碼／件})\\ \text{混紡二所需棉料碼數: } 1.5\times70\%=1.05(\text{碼／件})\end{array}\right]$

$0.75\,x_3+0.45\,x_4\leqq13400$ （聚酯碼數）

$\left[\begin{array}{l}\text{註: 混紡一所需聚酯碼數: } 1.5\times50\%=0.75(\text{碼／件})\\ \text{混紡二所需聚酯碼數: } 1.5\times30\%=0.45(\text{碼／件})\end{array}\right]$

$x_1\geqq600$ （契約上, 全絲襯衫之最低供給量）

$x_2 \geqq 4500$ （契約上，全棉襯衫之最低供給量）

$x_3 \geqq 12000$ （契約上，混紡一襯衫之最低供給量）

$x_4 \geqq 6000$ （契約上，混紡二襯衫之最低供給量）

$x_1 \leqq 750$ （全絲襯衫之最高需求預估）

$x_2 \leqq 13000$ （全棉襯衫之最高需求預估）

$x_3 \leqq 15000$ （混紡一襯衫之最高需求預估）

$x_4 \leqq 8500$ （混紡二襯衫之最高需求預估）

$x_1, x_2, x_3, x_4 \geqq 0$

本題答案經電腦運算為$x_1 = 666.67$, $x_2 = 4500$, $x_3 = 13733.33$, $x_4 = 6000$，目標函數\$9,651,333。故建議該公司生產全絲襯衫667件，全棉襯衫4500件，混紡一襯衫13733件，混紡二襯衫6000件，總利潤大約是\$9,651,333。

〈例 5-5〉 生產排程問題

鼎盛公司是昇海家電公司的電子馬達供應商之一，負責供應昇海EMA 及 EMB 兩種馬達。依據往年經驗，昇海於每季季末，都會向鼎盛下訂單，訂購下一季三個月所需的 EMA 及 EMB 馬達，而鼎盛須按月供應其需求。目前，鼎盛接到昇海下一季的訂單，訂購量如下：

馬達	訂 購 量		
	1 月	2 月	3 月
EMA	800	700	1000
EMB	1000	1200	1400

而在 3 月份末，鼎盛希望在公司存有 400 個 EMA 馬達, 300 個 EMB 馬

達以備第二季所需。在考慮需求、儲存、人事及倉庫容量等問題後，鼎盛公司要求規劃人員在安排製程表時，應注意到下面諸因素：

(1). 每月各類馬達之製造數應儘量平均，以使工人及機器的工作時間，每月皆能一致，不致發生有時須加班，有時卻須減低工時之情形。比如，上述馬達，如果依照其每月訂購量而製造，即會有忽多忽少的情形發生。

(2). 應儘量減少存貨成本，估計 EMA 馬達每單位每月存貨成本為\$10，而 EMB 為\$12。

(3). 倉庫容量有限制，估計倉庫容量最多可放 3300 具馬達，EMA 及 EMB 兩種馬達，體積差不多大。

(4). 公司主管不希望鼎盛發生遣散員工的情形，以免工會找麻煩。亦即公司希望儘量以公司現有的人工，來完成工作，不夠的工時，以約聘臨時工的方式來完成。現有員工工時每月共計 2240 小時，加上臨時工，每月工時最多可達 2560 小時。

此外，這兩類馬達的製程規劃，尚需下列資料：

(1). **製造成本**：在去年，EMA 馬達每個需\$300，EMB 需\$180。而在 3 月時，估計兩種馬達之製造成本皆會上漲 10%。此製造成本包括人工，材料，機器等費用。

(2). **製造工時**：EMA 每個需時 1.3 小時，EMB 每個需時 0.9 小時。
請問你建議鼎盛公司如何規劃其排程？

［解答］

(1). 本題之目的乃在決定 1、2、3 三個月，兩種馬達的生產數，因此本題共有 6 個製造變數。由於各月的產量，可留存至下一個月供應，決策變數最好能表示出時間。一般而言，這類題目的製造變數，以 x_{ij} 表示，i 表示時間、j 表示產品。故本題之**製造變數**為

x_{1A} ＝ 1 月份所生產的 EMA 馬達數

x_{1B} ＝ 1 月份所生產的 EMB 馬達數

x_{2A} ＝ 2 月份所生產的 EMA 馬達數

x_{2B} ＝ 2 月份所生產的 EMB 馬達數

x_{3A} ＝ 3 月份所生產的 EMA 馬達數

x_{3B} ＝ 3 月份所生產的 EMB 馬達數

此外，由於製造成本在 3 月份會提高，故有些產品需提前在 1、2 月份生產，但這會提高存貨成本，故存貨成本也是影響排程的因素之一，因此本題也需決定每個月兩種馬達的存貨數。以 y_{ij} 表示 i 期、j 產品之存貨數，本題之**存貨變數**為

y_{1A} ＝ 1 月份 EMA 馬達之存貨數

y_{1B} ＝ 1 月份 EMB 馬達之存貨數

y_{2A} ＝ 2 月份 EMA 馬達之存貨數

y_{2B} ＝ 2 月份 EMB 馬達之存貨數

y_{3A} ＝400（3 月底鼎盛所欲保留之 EMA 存貨）

y_{3B} ＝300（3 月底鼎盛所欲保留之 EMB 存貨）

(2). **目標函數**：由前面分析，我們知道生產排程之目的，乃在現有資源之限制下，製造所需，以使製造與存貨總成本為最低。

製造成本為：$\$300\,x_{1A} + \$300\,x_{2A} + \$330\,x_{3A} + \$180\,x_{1B} + \$180\,x_{2B} + \$198\,x_{3B}$

存貨成本為：$\$10\,y_{1A} + \$10\,y_{2A} + \$10\,y_{3A} + \$12\,y_{1B} + 12\,y_{2B} + 12\,y_{3B}$

故目標函數為

minimize：$\$300\,x_{1A} + \$300\,x_{2A} + \$330\,x_{3A} + \$180\,x_{1B} + \$180\,x_{2B} + \$198\,x_{3B} + \$10\,x_{1A} + \$10\,x_{2A} + \$10\,y_{3A} + \$12\,y_{1B} + \$12\,y_{2B} + \$12\,y_{3B}$

(3). **限制式**:

(a). 首先，每種產品，每月的存貨應滿足下列公式:

月初存貨＋本月製造數－月末存貨＝本月份需求量

代入數據並整理之，可得

$x_{1A} - y_{1A} = 800$（EMA 馬達 1 月份存貨、製造及需求的關係）

$x_{1B} - y_{1B} = 1000$（EMB 馬達 1 月份存貨、製造及需求的關係）

〔註: 本題並未給 1 月前期（即去年 12 月）之存貨，故一月初之存貨假設為零〕

$y_{1A} + x_{2A} - y_{2A} = 700$（EMA 馬達 2 月份存貨、製造及需求的關係）

$y_{1B} + x_{2B} - y_{2B} = 1200$（EMB 馬達 2 月份存貨、製造及需求的關係）

$y_{2A} + x_{3A} - y_{3A} = 1000$（EMA 馬達 3 月份存貨、製造及需求的關係）

$y_{2B} + x_{3B} - y_{3B} = 1400$（EMB 馬達 3 月份存貨、製造及需求的關係）

(b). 倉庫容量限制，每月最多可存 3300 個，故

$y_{1A} + y_{1B} \leq 3300$

$y_{2A} + y_{2B} \leq 3300$

$y_{3A} + y_{3B} \leq 3300$

(c). 每月工時，除了不能超出 2560 的最高工時外，每個月的生產情況還須儘量平均，這表示每月所使用的工時應儘量用完正式工作人員總工時 2240 小時，故

$1.3 x_{1A} + 0.9 x_{1B} \geq 2240$

$1.3 x_{1A} + 0.9 x_{1B} \leq 2560$

$1.3 x_{2A} + 0.9 x_{2B} \geq 2240$

$1.3 x_{2A} + 0.9 x_{2B} \leq 2560$

$1.3 x_{3A} + 0.9 x_{3B} \geq 2240$

$1.3 x_{3A} + 0.9 x_{3B} \leq 2560$

(d). 此外，所有變數皆為非負數。

(4). 本題之解經電腦運算爲 $x_{1A}=1215.4$, $x_{2A}=1138.5$, $x_{3A}=546$, $x_{1B}=1000$, $x_{2B}=1200$, $x_{3B}=1700$, $y_{1A}=415.4$, $y_{1B}=0$, $y_{2A}=853.9$, $y_{2B}=0$, $y_{3A}=400$, $y_{3B}=300$, 而目標函數$1,694,785。故各月份各種類的馬達生產量及存貨可彙總如下：

	1 月 份		2 月 份		3 月 份	
	產量	存貨	產量	存貨	產量	存貨
EMA 馬達	1215	415	1139	854	546	400
EMB 馬達	1000	0	1200	0	1700	300

這樣的製程規劃，可得最小製造成本$1,694,785，並滿足各月份兩種馬達的需要。

㈢財務方面

銀行、基金、投資機構、保險公司等主管，最常碰到的問題是，在某些法律、政策或避險條件下，如何選擇投資工具，以獲取最高報酬。我們將以實例，討論如何使用線性規劃，作這方面之分析。

〈例 5-6〉 財務規劃問題

李先生是個有錢人，有人找他投資，提出二個投資計劃如下：

投資計劃	最高投資金額	估計報酬率%	報酬回收年限	是否可再繼續投資
1	$100,000	13	2 年	可
2	無限制	20	3 年	可

此外，在每年未作投資的金額，可擺在銀行生利息，每年 4%。李先生目前手頭上有$500,000 元，他想知道，根據上述資料，4 年後他最多可賺多少錢？

［解答］

⑴. 本題主要在決定李先生在未來 4 年間，每年在兩個計劃上的投資，故本題有 8 個**投資變數**，

x_{ij}＝在第 i 年初，投資在計劃 j 的金額，而 i＝1,2,3,4，j＝1,2。

（比如 x_{32} 為第 3 年時，投資在計劃 2 之金額）

此外，每年放在銀行生利息的金額，為存款變數。假設 y_i 為第 i 年時放在銀行的金額，故 i＝1,2,3,4

⑵. **目標函數**：本題目的在使四年的投資，能賺最多錢，亦即使第四年末，所回收的計劃一金額$1.13 x_{31}、計劃 2 金額$1.20 x_{22}，[註：計劃 1 之回收期為 2 年，故在第 3 年初的投資可在第 4 年末回收，而計劃 2 之回收期為 3 年，故在第 2 年初的投資可在第 4 年末回收]及銀行存款$1.04 y_4 之和為最高，將其公式化，得

maximize: $1.13 x_{31}＋$1.20 x_{22}＋$1.04 y_4

⑶. **限制式**：本題的限制條件，僅是資金在年度間的流動限制，亦即

每年所作的投資

計劃 1 的投資金額＋計劃 2 的投資金額＋存放銀行金額
＝計劃 1 的回收額＋計劃 2 的回收額＋銀行可供使用存款

每年可供投資金額

將其換寫成公式為：

第 1 年：$\$x_{11} + \$x_{12} + \$y_1 = \$500,000$

第 2 年：$\$x_{21} + \$x_{22} + \$y_2 = \$1.04\, y_1$

[第 1 年初之銀行存款]　[計劃 1 在第 3 年初之回收額]

第 3 年：$\$x_{31} + \$x_{32} + \$y_3 = \$1.04\, y_2 + \$1.13\, x_{11}$

第 4 年：$\$x_{41} + \$x_{42} + \$y_4 = \$1.04\, y_3 + \$1.13\, x_{21} + \$1.20\, x_{12}$

[計劃 2 在第 4 年初之回收額]

計劃 1 投資金額限制：	$\$x_{11} \leqq \$100,000$
計劃 1 投資金額限制：	$\$x_{21} \leqq \$100,000$
計劃 1 投資金額限制：	$\$x_{31} \leqq \$100,000$
計劃 1 投資金額限制：	$\$x_{41} \leqq \$100,000$

所有變數皆爲非負。

(4). 本題之解經電腦運算爲：$\$x_{11} = \$88,495.58$，$\$x_{22} = \$427,964.6$，$\$x_{31} = \$100,000$，$\$y_1 = \$411,504.42$，其餘爲 0。

目標函數值 $\$626,557.52$。

我們可將每年投資額整理如下：

	第 1 年	第 2 年	第 3 年	第 4 年	第 4 年末回收
計劃 1	$\$ 88,495.58	$\$ 0	$100,000	$\$ 0	$113,000
計劃 2	$\$ 0	$427,964.6	$\$ 0	$\$ 0	$513,557.52
銀行存款	$411,504.42	$\$ 0	$\$ 0	$\$ 0	$\$ 0
總共					$626,557.52

〈例 5-7〉 投資組合分析

信譽保險公司策劃小組，提出了幾項投資方案，並以 10 年投資期，作了其他相關分析，統計如下：

投資方案	投資年數	每年平均報酬率(%)	風險度	成長潛力(%)
股票	4	13	6	20
公司債	5	10	3	10
不動產	7	20	7	40
共同基金	10	15	5	20
現金	0	0	0	0

在此表中，**投資年數**表示，為求得其年平均報酬率所須投資之年數，而其投資金額回收後，可再投資；**每年平均報酬率**為，10 年投資期間所估算的每年之平均報酬率；**風險度**乃是依經驗、主觀判斷而得，以 10 點量表衡量之，0 表示無風險，10 表示最高風險；**成長潛力**為 10 年後該項投資方案價值之成長率，由管理者以主觀經驗判斷之。

此外，該公司對這些投資組合有下列限制

(1). 平均投資年數，不要超過 7 年。

(2). 平均風險度，不要超出平均數，即 5。

(3). 平均成長率，至少為 15%。

(4). 公司永遠須留下所有資金的 10%，作為現金，以備不時之需。

(5). 本投資計劃之目的，訂為使年平均報酬率為最高。

請你利用上列資料，建議信譽公司的投資組合。

[解答]

(1). 本題所要決定的，是各項投資金額。由於公司之資金會隨時變動，故應以投資比率，代替投資金額，而各項投資比率之和應爲 1 。故決策變數 x_i 表示第 i 項投資之資金分配比率，共有 5 種投資方案，故 i＝1,2,……5。假設各變數爲 x_1：股票，x_2：公司債，x_3：不動產，x_4：共同基金，x_5：現金。

(2). **目標函數**：由於決策變數爲投資比率，故最大的年平均報酬率爲

$$\text{maximize}: \$13\,x_1 + \$10\,x_2 + \$20\,x_3 + \$15\,x_4$$

(3). **限制式**：根據公司對平均投資年齡，風險度，成長率及手上現金之限制，及表內之資料，可得

$4\,x_1 + 5\,x_2 + 7\,x_3 + 10\,x_4 \leq 7$(平均投資年齡之限制)

$6\,x_1 + 3\,x_2 + 7\,x_3 + 5\,x_4 \leq 5$(平均風險度之限制)

$0.2\,x_1 + 0.1\,x_2 + 0.4\,x_3 + 0.2\,x_4 \geq 0.15$(平均成長率之限制)

$x_5 \geq 0.1$(最低現金比率)

$x_1 + x_2 + x_3 + x_4 + x_5 = 1$

所有變數皆爲非負

本題之解答爲 $x_1＝0$, $x_2＝0.325$, $x_3＝0.575$, $x_4＝0$, $x_5＝0.1$，目標函數值 14.75。即公司債投資比率 32.5%，不動產投資比率 57.5%，其餘 10% 爲所須保留之現金比率。這樣的投資組合每年平均報酬率爲 14.75%。本題之計算亦經由電腦運算而得。

　　本題亦可假設其他目標，如最高的成長率。此外，如果同時想要有最大報酬率及最高成長率，則須使用目標規劃之方法，不在本書之討論範圍內。

㈣人事問題

　　人事主管常須作人事分配工作，以使各工作人員得以發揮所長；或者根據各工作期間所需要的人數，僱用人員，以適合需要。舉例說明如

下。

〈例 5-8〉 工作人數規劃

統一飯店 24 小時營業, 不過, 該飯店在早上、中午及晚上吃飯時間,
需要較多人手。根據以往顧客上門的經驗, 飯店經理整理出各段時間內
所需的服務生如下:

時段	時　　間	所需服務生人數	所需工資／時
1	3 a.m.—7 a.m.	3	$80
2	7 a.m.—11 a.m.	12	$60
3	11 a.m.—3 p.m.	16	$70
4	3 p.m.—7 p.m.	9	$50
5	7 p.m.—11 p.m.	11	$70
6	11 p.m.—3 a.m.	4	$80

該飯店只僱用全職服務生, 每個服務生上班時間, 以 8 小時爲一階段。
該經理規定各上工時間爲表中各時段之開始, 亦即 3 a.m., 7 a.m., 11
a.m., 3 p.m., 7 p.m., 及 11 p.m.。試問你建議該經理如何僱用服務生?

［解答］

⑴. 本題在找出各時段所需僱用的服務生, 因爲每個服務生的上工時間,
皆爲各時段之開始, 故決策變數可假設爲

x_i ＝在 i 時段開始上工之服務生人數, i＝1,2,3,4,5,6

⑵. **目標函數**: 乃在使僱用成本爲最低。由於在 i 時段上工之服務生會
工作到 i＋1 時段, 如在第 2 時段上工者, 須工作到第 3 時段結束時,
故成本爲

minimize： $\$80(x_6+x_1)+\$60(x_1+x_2)+\$70(x_2+x_3)$

$\qquad +\$50(x_3+x_4)+\$70(x_4+x_5)+\$80(x_5+x_6)$

$\qquad =\$140\,x_1+\$130\,x_2+\$120\,x_3+\$120\,x_4$

$\qquad +\$150\,x_5+\$160\,x_6$

(3). **限制式**：在每個時段所僱用的人數需滿足最低之人數需求，故為

$$x_1 \qquad\qquad +x_6 \geqq 3$$
$$x_1+x_2 \qquad\qquad \geqq 12$$
$$x_2+x_3 \qquad\qquad \geqq 16$$
$$x_3+x_4 \qquad \geqq 9$$
$$x_4+x_5 \qquad \geqq 11$$
$$x_5+x_6 \geqq 4$$

所有變數皆為非負值

(4). 本題之解經電腦運算，為 $x_1=0, x_2=12, x_3=4, x_4=10, x_5=1, x_6=3$，
目標函數值$\$3,870$。亦即在

第 1 個時段開始上工之服務生 0 人，

第 2 個時段開始上工之服務生 12 人，

第 3 個時段開始上工之服務生 4 人，

第 4 個時段開始上工之服務生 10 人，

第 5 個時段開始上工之服務生 1 人，

第 6 個時段開始上工之服務生 3 人，

而這樣的用人方法，每日費用為$\$3,870$。

〈例 5-9〉　**人員指派問題**

　　某學校企管系教師，經學生評量後，得到各老師任課各種課程之分
數如下。此分數係以 10 點量表為之，1 表示非常不適合，10 表示非常適
合任教該課程。

教　師	課　　　程			
	A.行銷	B.生管	C.財管	D.人管
1.王老師	6	2	8	5
2.李老師	9	3	5	8
3.張老師	4	8	3	4
4.陳老師	6	7	6	4

根據上表，你會如何安排這些老師任教課程呢？

［解答］

(1). 本題在於安排各老師的任教課程，而每位老師可安排教或不教某一課程，且只能教一課，故決策變數爲

$$x_{ij} = \begin{cases} 1, & \text{表示第 i 位老師任教課程 j,} \\ 0, & \text{表示第 i 位老師不任教課程 j,} \end{cases}$$

而 $i = 1, 2, 3, 4$，　$j = A, B, C, D$

(2). **目標函數**：爲使教學效果爲最好，即

maximize：$6\,x_{1A} + 2\,x_{1B} + 8\,x_{1C} + 5\,x_{1D} + 9\,x_{2A} + 3\,x_{2B} + 5\,x_{2C} + 8$

$x_{2D} + 4\,x_{3A} + 8\,x_{3B} + 3\,x_{3C} + 4\,x_{3D} + 6\,x_{4A} + 7\,x_{4B} + 6\,x_{4C} + 4\,x_{4D}$

(3). **限制式**：各老師只能教一課程，且每一課程只能一人教，故

$x_{1A} + x_{1B} + x_{1C} + x_{1D} = 1$(王老師之教課數爲 1)

$x_{2A} + x_{2B} + x_{2C} + x_{2D} = 1$(李老師之教課數爲 1)

$x_{3A} + x_{3B} + x_{3C} + x_{3D} = 1$(張老師之教課數爲 1)

$x_{4A} + x_{4B} + x_{4C} + x_{4D} = 1$(陳老師之教課數爲 1)

$x_{A1} + x_{A2} + x_{A3} + x_{A4} = 1$(行銷之任課老師爲 1)

$x_{B2} + x_{B2} + x_{B3} + x_{B4} = 1$(生管之任課老師爲 1)

$$x_{C1} + x_{C2} + x_{C3} + x_{C4} = 1（財管之任課老師爲 1）$$

$$x_{D1} + x_{D2} + x_{D3} + x_{D4} = 1（人管之任課老師爲 1）$$

本題經電腦運算之答案爲 $x_{1C} = 1$，$x_{2D} = 1$，及 $x_{3B} = 1$，$x_{4A} = 1$，其他爲 0，亦即

    1. 王老師教財管

    2. 李老師教人管

    3. 張老師教生管

    4. 陳老師教行銷

    本題即所謂的指派問題（Assignment problem），有人亦把它視作配對問題（Matching problem），因爲其題目之目的，講求一對一之選擇。此外，在解題時，最好將上列八個限制式，去掉一個，去掉任何一個皆可，以避免碰到循環運算（Cycling）之情形〔註：循環運算指以單形法解題時，如發生循環，則問題將無窮盡解下去，不會停止〕。因爲讀者可注意到，上面所列的八個限制式，事實上，只要七個即可代表在課程指派上之限制。換言之，只要分派好三個老師任教三個課程後，第四位老師的任教課程，自然就解決了，故可去除一個限制式。雖然將八個限制式全部放入模式中，仍可求得答案，不過，如使用單形法（Simplex method），解題上會碰到麻煩，最好將其中之一去除。

    在方法上，例5-9另有特殊的解法，即匈牙利法（Hungarian method）。這名詞，乃因是匈牙利人所發明而命名。匈牙利法是直接從所列出的成本表或利潤表上解決，很像一種遊戲方法。如以本例題爲例，其原則是從分數越高者，先分派起，如剛好完成指派，則表示問題已被解決，否則再適度作調整，以求取最佳指派效果。匈牙利法並不在本書討論範圍內，有興趣的讀者，可參閱其他較高階的作業研究或數量方法書籍。此外，讀者可想想看，在例5-9中，當教師數目與課程數目不同

時，該如何處理題目？事實上，這會影響例 5-9 中限制式的設定，讀者可自行想想看，在此情況下該題的線性規劃模式會變成如何？

㈤運輸問題

和指派問題相類似的是運輸問題(Transportation problem)。運輸問題最佳的例子是，如何將數個工廠所製造的同類產品運送到各個零售店或批發商，亦即運送路徑之指派。不過，指派問題將各路線當成是一種指派，而運輸問題主要是在決定各路徑上的運送數量，如下例。

〈例 5-10〉 運輸問題

考慮下表之貨品運送問題：

工廠地點	批 發 中 心			總供給量
	A.高雄	B.臺南	C.臺北	
1.仁德	$35	$30	$90	3000
2.嘉義	$55	$45	$70	2000
總需求量	2000	500	2500	5000

在供應方面，由仁德及嘉義兩廠供給；在需求方面，有高雄、臺南及臺北三處批發中心。而表中錢額表示每單位產品的運送成本。比如在上表中，仁德廠的供應量是 3000，臺南的需求量是 500，而仁德廠運到臺南的費用為每單位產品$30 元……等等。

讀者可發現表中的總需求量和總供給量相等，亦即其目的是找出運送成本為最低之運送途徑，以將所有產品全數運送到各批發中心。本題共有 6 個變數，表示各工廠至各批發中心的運送量，其變數的設定方式和例 5-9 指派問題之設定方式類似。至於如何將問題寫成線性規劃模式，則留待讀者自行解之。

讀者一定會心生疑問，如果在例 5-10 中，需求量與供給量不相等時，該怎麼辦？因為在實際問題上，這種情形很普遍。這有兩個解決方法。第一個是以〝＝〞及〝≦〞之方式表示之。比如：在例 5-10 中，如嘉義的總供給量是 2500 時，可使用下列限制式：

$$x_{1A} + x_{1B} + x_{1C} \leqq 3000$$
$$x_{2A} + x_{2B} + x_{2C} \leqq 2500$$
$$x_{1A} + x_{2A} = 2000$$
$$x_{1B} + x_{2B} = 500$$
$$x_{1C} + x_{2C} = 2500$$

〔註：x_{ij} 表示由工廠 i 至批發站 j 之運送量，i＝1、2，j＝A、B、C〕而如果需求量為最低需求，則對需求之〝＝〞限制，可改為〝≧〞之限制。

運輸問題，可使用一般單形法解決。不過，當所有限制式皆為〝＝〞時，和指派問題一樣，最好也去掉任何一個限制式，以避免循環運算問題。這樣，並不會改變原問題。如例 5-10，在二個工廠分別運送到三個批發站中之任何二個之運送量被決定後，剩下的數量即是其運送至第三個批發站之供給量，亦即至第四個批發站之數量已同時被決定了。

運輸問題亦有特別的解法，即 MODI 法（Modified distribution），是單形法的修正，利用運輸問題的特殊結構，設計而成。有興趣的讀者，可參閱作業研究或數量方法之相關書籍。如欲使用 MODI 法則，總供給量與總需求量一定得保持相等，其修正程序亦請參考較高階之數量方法書籍。

㈥線性規劃模式之延伸

和線性規劃模式很類似的問題，尚有整數規劃（Integer Programming)、0-1規劃(0-1 Programming)及目標規劃(Goal Programming)。這些規劃在問題的架構上和線性規劃模式很類似,皆有目標函數及限制式,但其解法卻差別很大,比一般線性規劃模式複雜很多,故不在本書之範圍內。我們在此,僅大概敘述這些問題的特性,有興趣的讀者,可另參閱其他書籍。

整數規劃問題是當對線性規劃模式中的決策變數,有整數的要求時,使用之。我們在前面曾提到,線性規劃問題之解,不一定為整數,如需整數解,只要將其四捨五入即可。不過,這樣所求得的解,雖很接近,但可能不是最佳解,也可能會不滿足某些限制式。但由於企業問題,並非工程問題,企業問題講求的是時效,所使用的方法只要系統、客觀就好,不需要精確,故以四捨五入法為之,即足矣。但如果需要非常精確的最佳整數解,則只有使用整數規劃法一途。整數規劃法之求解時間很長,過大的問題,目前不論在理論上或電腦應用上,雖仍可解決,但無快速途徑,可說仍在研究階段。其解決過程,一般軟體大都使用直覺法(Heuristic approach)為之。

0-1規劃一般使用於決策問題上,決策變數代表的是選擇與不選擇該活動,0表示不選擇,1表示選擇。如前述之指派問題,即為0-1規劃問題之一種,但由於指派問題有特別的解決方法,一般不將其納入0-1規劃之範圍。0-1規劃問題之模式和線性規劃模式相類似,只是對變數有0或1之要求。這方面的應用,如銀行主管的貸款決策過程,其中牽涉到是否作信用評估、貸款的方案有那些數額上之選擇等;而管理人員則有數個建廠地點之選擇、人員之指派等決策問題。

目標規劃是當問題有數個目標,而目標之選擇有優先順序時為之。某些目標規劃問題,可使用限制式,將其化成線性規劃問題解之。比如某產品之生產問題,為爭取客戶,其在某個時間內之需求必須優先給予。這個目標可在限制式內,加入該期產量至少應生產多少達之,不需使用目標規劃法。目標規劃之解法仍以單形法為主體，分多個步驟解決。目標越多，解答時間越久，也越繁複。目標規劃之應用，包括貸款案之前後順序、人事安排之優先權、或者企業之同時追求最大利潤與提高服務水準之相斥目標擇取等。

§ 5-5　本章摘要

(1). **線性規劃問題之共同點**：有目標函數、限制式、不同之選擇方案及所有決策變數值皆為非負值。

(2). **線性規劃問題之假設**：確定性、比例性、可加性、可分割性、非負性。

(3). **線性規劃過程**：
　　①確定問題，蒐集與整理資料。
　　②決定決策變數。
　　③決定限制條件。
　　④決定目標函數。
　　⑤寫成線性規劃標準模式，以利電腦解決。

(4). **線性規劃之應用**：可應用於企業各領域——行銷、生產、財務、人事、運輸等。

§ 5-6　作業

1. 在例 5-9 之人事指派問題中，如將教學效果，改為所需付給各個老師任教各課程之費用，則目標函數與限制式有無必要改變之?

2. 利用例 5-10 運輸問題之資料，回答下列問題：
　　a.將例 5-10 寫成線性規劃模式。

b.如果本題之產品在各批發站之售價如下，則你認為本問題之目標
函數與限制式，是否會改變，其改變為如何？

工廠	批　發　站		
	高雄	臺南	臺北
仁德	$110	$100	$130
嘉義	$110	$100	$130

3. 所有的線性規劃問題，有那些共同點？

4. 欲以線性規劃模式解決問題時，在資料上，須有那些假設？

5. 請敍述線性規劃問題之規劃過程。

6. 線性規劃方法可應用於那些企業管理領域？

7. CHC 公司必須儘快完成現行的辦公建築的翻新工作，本作業的第一
部分工作包括有六項活動，其中有些活動須較其他工作先動工。作
業項目，先前項目、及估計所需的時間列示在下表：

作業項目	先前項目	時間（天）
1.財務準備(A)	—	3
2.初步草圖(B)	—	2
3.擬定計劃書的綱要(C)	—	1
4.著手畫圖(D)	A	5
5.寫下詳細計劃書(E)	C 和 D	6
6.印製藍圖(F)	B	2

這些工作可使用網路列出其先後順序如下:

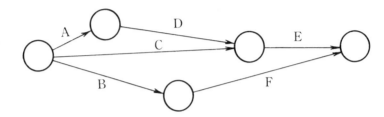

令 x_i 代表各作業完成的最早時間, i＝A、B、C、D、E、F, 試請將 CHC 公司的問題以線性規劃方式來表達。

8. Y. S 餐廳採全天候營業, 其服務生和停車員分六個時段班工作, 每位每天上 8 小時班, 下表列出在六段期間內所需最少的工作人員數。請幫 Y. S 餐廳規劃每時段排班人員, 以求每天營業所需的員工為最少 (只列出線性規劃模式, 不用解之)

期　間	時　段	所需的員工數
1	3 a.m.— 7 a.m.	3
2	7 a.m.—11 a.m.	12
3	11 a.m.— 3 p.m.	16
4	3 p.m.— 7 p.m.	9
5	7 p.m.—11 p.m.	11
6	11 p.m.— 3 a.m.	4

(提示: 可令 x_i 為工作人員在 i 時段的數目, 而 i＝1,2,3,4,5,6)

9. H&K 經紀公司收到一位客戶滙來款項$250,000 委託作投資規劃，這位客戶很信賴 H&K 經紀公司，但對資金的投資分配也有自己的看法。她授權給 H&K 經紀公司在下列要求下，可以自行選擇認為值得投資的股票和債券；

⑴. 市府公債至少佔 20%。

⑵. 至少有 40%投資於電子、航空、藥物製造業。

⑶. 可以將不超過市府公債投資額的 50%的額度投資於高風險高報酬的私人病院。

除上述限制條件外，此位客戶的目標旨在求取投資報酬的最大化。H&K 公司了解此位客戶的要求後，據以分析並列出符合條件的股票和債券及其對應的報酬率如下：

投　　資	計劃的投資報酬率(%)
市府公債	5.3
湯普生電子公司	6.8
聯合航空公司	4.9
帕瑪製藥公司	8.4
快樂療養院	11.8

⒜將上述投資組合以線性規劃式表示。

⒝求出最佳解（使用電腦套裝軟體）。

10. 南方能源單位宣布 8 月 1 日欲開放第二部核能處理機，因此人事部門須決定究需雇用多少個技工，而且安排訓練計劃。該廠現今雇用 350 人係皆已接受完整訓練的技術員。相關計劃所需的技術人員工時資料如下：

月　份	技術員需要(小時)
8 月	40000
9 月	45000
10 月	35000
11 月	50000
12 月	45000

　　法律規定，每位原子爐的工人每月工作不得超過 130 小時。南
方能源廠亦指出絕不臨時任意解雇員工，因此即使所訓練出的人員
多於所需員工，仍須全額支付薪資，不論其是否每月工作滿 130 小
時。此外，新技術員的訓練工作是重要且所耗不貲的程序。在每位
工人能獨立操作原子爐前，須先進行一對一的指導。因此能源廠須
在需要員工之前一個月，雇用新進人員，亦即每位新進人員需受訓
一個月，接受一位已受過技術訓練的技術員指導。故而每位舊技術
員在訓練新進人員時，當月僅有 90 小時能從事原子爐的操作工作，
剩下的 40 小時則用於訓練工作。人事部門的報告中指出人員流失率
約每月 5%。受過訓練的技術員每月可支領$30,000，新進人員則在
受訓期間支領$15,000。

(a)應用線性規劃法處理上述問題（在成本最少的目標下）。

(b)每月初究需招訓多少個新進人員？（使用電腦計算）。

11. MCA是世界上微電腦通訊設備的製造廠。MCA集中全力於製造
　　A、B二種機種配件，並且在龐大的微電腦業中已能佔一席之地，今
　　年 9 月 A 型機種MCA出售9000臺，而 B 型機種出售10400臺。
　　9 月的損益表列於下。此外，9 月份使用了5000個工時於製造該

MCA 損益表（9 月）

	A 產品	B 產品
銷貨收入	$450,000	$640,000
減　折扣	$10,000	$15,000
退回	$12,000	$9,500
擔保退換	$4,000	$2,500
淨收入	$424,000	$613,000
銷貨成本		
直接人工成本	$60,000	$76,800
間接人工成本	$9,000	$11,520
原料成本	$90,000	$128,000
折舊	$40,000	$50,800
銷貨成本	$$199,000	$267,120
毛利	$225,000	$345,880
管銷費用		
一般費用——變動	$30,000	$35,000
一般費用——固定	$36,000	$40,000
廣告	$28,000	$25,000
銷售佣金	$31,000	$60,000
總營業成本	$125,000	$160,000
稅前淨利	$100,000	$185,880
所得稅（25%）	$25,000	$46,470
淨利	$75,000	$139,410

9000 臺 A 型機種, 10400 個工時於製造該 10400 臺 B 型機種。10 月份的總工作時間估計和 9 月份相同, 而這些總工作時間在 A 及 B 型機種之製造上, 並無特別限制, 可任意分配到 A 或 B 型機種。另外一點很重要的是, 在 10 月份, B 型機種所須必備的數學處理器, 供應商只能供應 8000 臺。

今 MCA 欲規劃 10 月份此二種機件之生產。假設所有產品皆可出售, 應如何規劃以使公司利潤能極大化。應用上述資料, 將 MCA 的問題以線性規劃模式表示。(提示: 折舊、固定費用及廣告費不能算 9 月份的真正支出)

12. 臺南市一所大的私人病院, 擁有 600 床位而且有齊備的醫務室、手術房和 X 光照射器材。為求提高收入, 這家醫院的管理者決定將員工停車場用來增建 90 個床位。現在的問題是如何將 90 個床位分配給內科及外科使用。

醫院記載帳務部門提供下列有關資訊:

⑴. 內科病人平均住院 8 天, 醫院的收入平均為$2,280。
外科病人平均住院 5 天, 醫院的收入平均為$1,515。

⑵. 醫務室每年可再多處理 15000 次的檢驗, 遠超過現今所須處理者, 內科病人平均需要 3.1 次的檢驗, 而外科病人需 2.6 次, 另外內科病人平均需要 1 次 X 光照射。而外科病人需 2 次。

⑶. 在不增加成本的負擔下, X 光放射線部門之處理次數可再增加 7000 次, 故即使再增加 90 個床位, 該醫院也不打算增加 X 光放射線之照射次數。

⑷. 最後管理部門估計手術室尚可再增加處理 2800 次的手術。當然內科病人無須接受手術處理, 而外科病人通常平均有一次手術處理。

試將上述決定如何配置內科與外科病床的問題列式處理, 以求收入

最大化(假設病院每年營業 365 天)（提示：床的分配應滿足 $8x_1 +$
$5x_2 \leqq 32850$，其中 $32850 = 365 \times 90$，是 90 個病床總共使用天數)。

13. Q. E 公司製造下列六種微電腦的週邊設備：內部的 modem，外部
的 modem，電路板，軟碟，硬碟，記憶板。以下是每一種產品在三
種不同的測試設備下所需的時間（以臺為單位)：

	內部 modem	外部 modem	電路板	軟碟	硬碟	記憶板
測試設備#1	7	3	12	6	18	17
測試設備#2	2	5	3	2	15	17
測試設備#3	5	1	3	2	9	2

前二種測試設備每週可使用時間為每週 120 小時，而第三種則只有
每週 100 小時。市場對此六種產品的需求量大，故而只要能生產出
來皆可賣得完。下列彙總其收入和成本資料。

設　備	每單位的收入	每單位材料成本
內部 modem	$200	$ 35
外部 modem	$120	$ 25
電路板	$180	$ 40
軟碟	$130	$ 45
硬碟	$430	$170
記憶板	$260	$ 60

此外，測試設備#1需$15的變動成本，＃2 $12元，＃3 $18元，Q. E 公司目標乃在求利潤的極大化。

(a)將上述問題列成線性規劃的模式。

(b)試以電腦來計算出最佳產品組合的結果。

第六章
線性規劃圖解法

§6-1 緒論

在前章，我們已提過，線性規劃之學習，在電腦工具如此發達的今天，應以應用為主，因此前一章列舉了很多線性規劃在企業管理上之使用範例。方法雖是其次，但是仍有學習的必要，因為了解方法，才能看得懂電腦結果、進一步作分析、也才能對模式作適度修正以適合需要。最重要的，可增加使用時的信心。

解決線性規劃問題，最簡單的方法是圖解法，因其可以很快的在平面圖上，找到答案，而且很容易了解。但是，當問題有兩個以上變數時，則無法在二度空間平面上畫出，而必須以數學方法解決。不過，圖解法有其學習上的價值，初學者可以很快的從圖形上，看出其在數學上的意義，進而幫助了解其他方法，如單形法之解答過程。

§6-2 限制式在坐標圖上之意義

本章將以前一章，例5-1桌椅之製造為例，說明線性規劃圖解法之過程。該問題為，

maximize: $\$14\,x_1 + \$10\,x_2$

$$\text{s.t.}: \quad 8x_1 + 6x_2 \leqq 480$$

$$4x_1 + 2x_2 \leqq 200$$

$$x_1 \geqq 0$$

$$x_2 \geqq 0$$

其中 x_1：桌子之製造數，x_2：椅子之製造數。限制式所表示的意義如下：桌椅各需 8 及 6 小時之黏製時間，與 4 及 2 小時之上色時間，而總黏製時間為 480 小時，上色時間為 200 小時。

非負限制式表示兩個變數 x_1 與 x_2，皆在坐標圖的第一象限。此外，如以橫坐標表示 x_1 值，縱坐標表示 x_2 值(亦可以橫坐標表 x_2，縱坐標表 x_1)，則此二個非負限制式如圖 6-1。此後，所有的坐標圖皆在第一象限討論之。

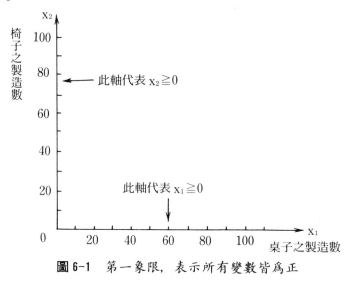

圖 6-1 第一象限，表示所有變數皆為正

除了非負限制式，本題只有兩個限制式。第一個限制條件為 $8x_1 + 6x_2 \leqq 480$，480 為總黏製工時。如所有的黏製時間全部作桌子(即讓 $x_2 = 0$)，則 $x_1 = 60$，可在橫坐標找到點 60；如全部作椅子(即讓 $x_1 = 0$)，則 $x_2 = 80$，可在縱坐標找到點 80。這兩點可連成一條線，如圖 6-2。這直線

表示的是直線方程式 $8x_1 + 6x_2 = 480$，而這直線上的任何一點，都會剛好滿足這限制式，比如 $x_1 = 30$ 張桌子及 $x_2 = 40$ 張椅子，剛好用完 480 個黏製工時。但我們要的限制式是 $8x_1 + 6x_2 \leqq 480$，亦即只要所有桌椅的黏製時間，不超出 480 小時，都可行。故除了直線上的點外，我們要找的是 $8x_1 + 6x_2 < 480$ 的範圍。比如代入 $(20, 30)$ 及 $(80, 20)$ 兩點於式中，我們得到

$$8(x_1 = 20) + 6(x_2 = 30) = 160 + 180 = 340 < 480$$

及　　　$8(x_1 = 80) + 6(x_2 = 50) = 640 + 300 = 940 > 480$

這表示在黏製時間上，我們可製造 20 張桌子及 30 張椅子；但沒辦法製造 80 張桌子及 50 張椅子，因其所使用的黏製時間超出可使用的時間。事實上，高中數學告訴我們，在直線 $8x_1 + 6x_2 = 480$ 右邊之點，其值大於 480，在其左邊者，其值小於 480。故 $8x_1 + 6x_2 \leqq 480$ 在第一象限之坐標圖如圖 6-3 之陰影部分。

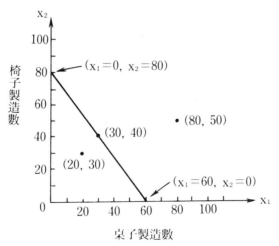

圖 6-2　黏製時間 $8x_1 + 6x_2 < 480, = 480, > 480$ 之點

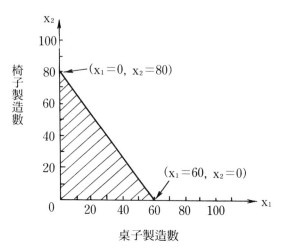

圖 6-3　大大傢俱公司黏製時間之限制

第二個限制式爲 $4x_1 + 2x_2 \leqq 200$，200 爲總上色時間。類似上面黏製時間之討論，我們可畫出上色時間限制式的坐標圖，如圖 6-4

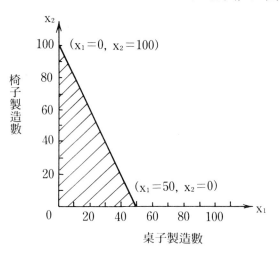

圖 6-4　大大傢俱公司上色時間之限制

但是桌子及椅子的製造，須經過黏製及上色兩個程序，因此其所共用的黏製與上色時間和，不能超出可使用之時間，意即此兩限制式須同

時滿足。故兩個限制式代表之圖形，如圖 6-5 之陰影部分。在數學上，

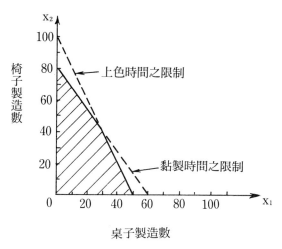

圖 6-5　大大傢俱公司桌椅製造之可行解

這一陰影部分，稱之為可行解範圍(Feasible region)，而其上之任何點皆滿足限制式，稱為可行解(Feasible solution)；而在陰影外之點，不滿足所有限制式，稱為不可行解(Infeasible solution)。比如我們可製造 20 張桌子及 30 張椅子，即 $x_1 = 20$，$x_2 = 30$，因為兩個限制式皆滿足如下：

黏製時間：$8(20) + 6(30) = 340 \leq 480$ 小時可用時間　　　∨

上色時間：$4(20) + 2(30) = 140 \leq 200$ 小時可用時間　　　∨

但不能製造 50 張桌子，10 張椅子，因為

黏製時間：$8(50) + 6(10) = 460 < 480$　　　∨

上色時間：$4(50) + 2(10) = 220 > 200$　　　×

也不能製造 20 張桌子，60 張椅子，因為

黏製時間：$8(20) + 6(60) = 520 > 480$　　　×

上色時間：$4(20) + 2(60) = 200 = 200$　　　∨

§ 6-3 等利潤線解法(Iso-Profit Line Method)

我們已了解如何從圖上判斷可行解範圍，但可行解這麼多，那一個點可得到最大利潤呢？我們先介紹如何使用等利潤線解法，求得最佳點。

等利潤線解法利用目標函數在坐標圖上之移動，而得之。此題之目標函數為$14 x_1+$10 x_2，假設其值為 z，故 z＝$14 x_1＋$10 x_2，任何一組可行解(x_1, x_2)，代入此式，即可得 z 值。如可行解(x_1＝20, x_2＝28)之 z 值為$14(20)＋$10(28)＝$560，亦即製造 20 張桌子, 28 張椅子可賺得利潤$560。

一般而言，以等利潤線求最佳解的方法，都先隨意選定一 z 值，如$560，再把此線畫於圖上。亦即，先讓 x_1＝0，得到

$$560＝$14(0)＋$10 x_2$$

$$x_2＝56,$$

再讓 x_2＝0，得

$$560＝$14 x_1＋$10(0)$$

$$x_1＝40$$

連接此兩點，可得直線方程式$14 x_1＋$10 x_2＝$560，畫於可行解圖上，如圖 6-6。很明顯的在線上之任何點，皆產生同樣的 z 值。且在圖上，有一段在可行解內，故此線段上的解皆為可行，而其 z 值皆為$560。

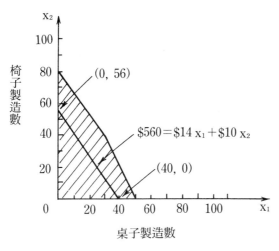

圖 6-6 大大傢俱$560 等利潤線圖

　　但我們可很輕易的發現$560 並非最高的利潤, 因爲如果將此線稍往右移, 可得到一直線有更大的 z 值$700, 而其在陰影上的點, 皆爲可行, 如圖 6-7。其直線之求法, 爲讓 $x_1=0$ 得$700＝$14(0)＋$10 x_2, 求得 $x_2=70$; 再讓 $x_2=0$ 得$700＝$14 x_1＋$10(0), 求得 $x_1=50$ 連接之, 可得直線方程式$700＝$14 x_1＋$10 x_2。以同樣的方法, 我們可再找出圖 6-7 上之其他直線方程式$840＝$14 x_1＋$10 x_2 及$980＝$14 x_1＋$10 x_2。但是由圖 6-7, 可發現後兩條線和陰影部分(即可行解), 並無交點, 表示這兩條線移得太過去了, 超出可行解的範圍, 不可行。故最佳解乃界於$700 及$840 之間。

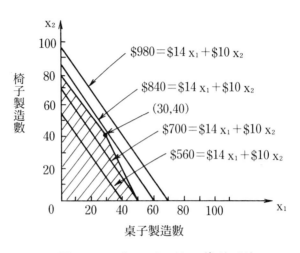

圖 6-7 四個不同 z 值之等利潤線

事實上，由上面的解釋，我們知道，只要將等利潤線一直往右移(即增加 z 值)，直到和陰影部分最後相交之點，應該就是最佳解。如本題的最佳解為$(x_1=30,\ x_2=40)$，其利潤為\$820。因為此點，是當等利潤線往右移時，和陰影部分相交之最後點，如再往右移，則等利潤線上之解，將變為不可行了。

§6-4 角點法(The Corner Point Method)

由前面的敘述，我們知道將等利潤線往右移到邊界點時，該邊界點即是問題的最佳解。讀者可能會產生這樣的疑問：那是否所有的線性規劃問題，最佳解皆是可行解範圍（即前例的陰影部分）的邊界點？數學上的理論證明，告訴我們答案是「對」的。更進一步說，我們只要比對可行解範圍上的所有角點(Corner point 或 Extreme point)，選出目標函數為最大者，即是最佳解。因此，有所謂的角點法產生。比如前例之可行解範圍，共有四個角點(如圖 6-8)。其目標函數值分別列示如下：

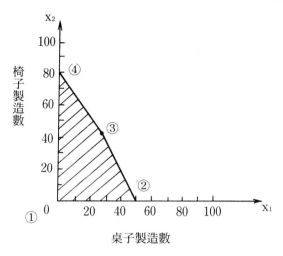

圖 6-8　可行解範圍的四個角點

點1: $(x_1=0, x_2=0)$，利潤: $\$14(0)+\$10(0)=\$0$

點2: $(x_1=50, x_2=0)$，利潤: $\$14(50)+\$10(0)=\$700$

點3: $(x_1=30, x_2=40)$，利潤: $\$14(30)+\$10(40)=\$820$ ←最佳解

點4: $(x_1=0, x_2=80)$，利潤: $\$14(0)+\$10(80)=\$800$

〔註：點3為當兩個限制式為"="號時，即 $8x_1+6x_2=480$ 及 $4x_1+2x_2=200$ 之交點，其解可以聯立方程組解之，讀者可自行驗算。〕

由四個利潤值之比較，點3，即$(x_1=30, x_2=40)$，有最大目標函數值$\$820$，故為最佳解。

§6-5　最小成本問題

線性規劃也可使用於求最小值問題。在實務上，最小成本問題和最大利潤問題一樣普遍。我們先來看一簡單的飲食問題之例。飲食問題是最早的線性規劃應用問題之一，醫護人員以之決定最經濟同時又能滿足病人營養需要的飲食計劃。我們將之簡化如下：

〈例 6-1〉　飲食問題

　　一統食品公司想推出一種早餐穀物食品，根據營養專家評估，每人每天之早餐至少需要蛋白質 90 單位，礦物質 48 單位，維他命 B_2 3 單位。目前該公司打算購入兩種麥片，混合後，裝成小包出售，而每一小包之重量不得超出 20 克。由分析結果知道，此兩種麥片每克之價格及營養素含量如下：

麥片	價格（克）	每克內所含的該營養素單位		
		蛋白質	礦物質	維他命 B_2
1	$ 2	5	4	1
2	$ 3	10	3	0

你建議該公司，每小包包裝內之兩種穀物，應各爲多少?

[解答]

(1). **決策變數**：x_1 ＝每包內麥片 1 之克數。

　　　　　　　x_2 ＝每包內麥片 2 之克數。

(2). **限制式**：$5x_1 + 10x_2 \geq 90$ （蛋白質最低需求）

　　　　　　$4x_1 + 3x_2 \geq 48$ （礦物質最低需求）

　　　　　　$x_1 \qquad \geq 3$ （維他命 B_2 最低需求)）

　　　　　　$x_1 + x_2 \leq 20$ （每包重量之限制）

　　　　　　$x_1,\ x_2 \geq 0$

(3). **目標函數**：minimize：$\$2x_1 + \$3x_2$ （使每包之麥片成本爲最小)

⑷. **解法**：我們現在以圖解法，解決此一問題。依據前節所述之步驟，我們可畫出此問題之可行解，如圖 6-9 之陰影部分。本問題為求最小成本，故我們須使用**等成本線**(Iso-cost line)求最佳解。和前章相同，等成本線之求法也是先給予目標函數 (即 $z = \$2\,x_1 + \$3\,x_2$) 一個隨意值，如\$54，並讓 $x_1 = 0$，得\$54 $= \$2(0) + \$3\,x_2$，故求得 $x_2 = 18$；再讓 $x_2 = 0$，得\$54 $= \$2\,x_1 + \$3(0)$，求得 $x_1 = 27$。將此兩點($x_1 = 0$，　$x_2 = 18$) 及 ($x_1 = 27$, $x_2 = 0$)相連，得直線\$2 $x_1 + \$3\,x_2 = \$54$。此直線在陰影上之部分為可行解，而這些可行解的成本皆為\$54，如點($x_1 = 4$, $x_2 = 15\frac{1}{3}$)表示每包使用 4 克的麥片 1，$15\frac{1}{3}$ 克的麥片 2，而其成本為\$54。但我們可發現，將等成本線越往左移，其 z 值越小，如\$38 $= \$2\,x_1 + \$3\,x_2$ 及 \$31.2 $= \$2\,x_1 + \$3\,x_2$ 及\$20 $= \$2\,x_1 + \$3\,x_2$ 之直線。在這三條線中，最後一條移得太左邊了，以致和陰影部分沒交點，而第二條線剛好和陰影部分交於一

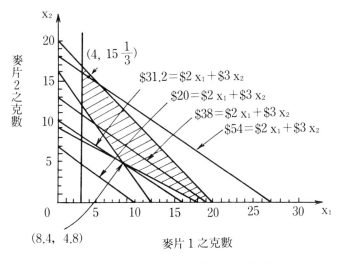

圖 6-9　一統食品公司例之圖解法

點, 即($x_1 = 8.4$, $x_2 = 4.8$), 且如果將等成本線再往左移, 和陰影部分就無交點了。因此, ($x_1 = 8.4$, $x_2 = 4.8$)所產生的成本為最低。這表示問題的最佳解是: 每包使用 8.4 克的麥片 1 及 4.8 克的麥片 2, 且每包成本為 $31.2。

此外, 和最大利潤問題一樣, 最小成本問題的最佳解也是在角點上。故讀者可試著使用角點法, 將本題陰影部分的 5 個角點求出, 代入目標函數, 比較其值, 所求得的最佳解必為($x_1 = 8.4$, $x_2 = 4.8$)。 ■

現在, 讀者一定會問一個問題, 使用等利潤線時, 是否一定越往右上方移, 其值越大? 而使用等成本線時, 則越往左下方移越小? 如果利潤或成本函數內之係數全為正, 則答案是對的。如前面所舉的兩個例子: 一為 maximize: $7x_1 + 5x_2$, 7 與 5 皆為正數; 一為 minimize: $2x_1 + 3x_2$, 2 與 3 亦皆為正數, 故可適用上面所說的移動方法。但是如目標函數為 maximize: $-7x_1 - 5x_2$ 時, 則須往左下方移; 而為 maximize: $7x_1 - 5x_2$ 時, 則須往右下方移。讀者可自行測試當為 minimize: $-7x_1 - 5x_2$ 或者 minimize: $7x_1 - 5x_2$ 時, 移動方向應是如何?總言之, 對於"maximize"之問題, 移動方向應使其目標函數變大; 而"minimize"之問題, 則使其變小。由於此法可同時適用於成本或利潤問題, 故事實上, 應以**等目標線法**稱之。

我們將等目標線法之步驟, 略述於後。

(1). 將每一條限制式, 以等式畫出。

(2). 對於"≧"或"≦"之限制式, 畫出共同的範圍。

(3). 任意給予一目標函數值, 畫出等目標線。

(4). 如為"maximize"之問題, 則等目標線應往使目標值越大的方向移; 如為"minimize", 則往使目標值越小的方向移。

(5). 當等目標線與可行解範圍角點相交時, 該角點即為最佳點。

⑹. 找出相交於該最佳點的兩限制式, 解聯立方程組, 求得 x_1, x_2 與目標函數值。

　　至於角點法, 則須在畫出可行解範圍後, 解數組聯立方程組, 找出各角點的 x_1, x_2 及目標值。對 "maximize" 之問題, 應選出目標值為最大者; 而 "minimize" 之問題, 應選出目標值為最小者。

§ 6-6　線性規劃問題的特殊情況

　　我們已說明了線性規劃問題之圖解過程。但是, 是否所有的線性規劃問題, 皆有可行解? 是否其等目標線一定會和可行解的某交點相交? 或者可能其交點有兩個以上? 這些特殊的情況有四種, ⑴無可行解(Infeasibility), ⑵無界(Unboundedness), ⑶多餘條件(Redundancy), ⑷數個最佳解(Alternate Qptimal Solution)。將以圖形分別說明如下。

⑴. **無可行解**: 即無法找到任何答案可以滿足所有的限制式。如下面之三個限制式, 其圖形如圖 6-10。我們可發現, 兩個陰影部分, 並不相交, 無法找到共同點, 故本題無可行解, 不需再討論其目標函數。在實務上, 通常這表示資料錯誤、資源不夠、需求過多或者規劃錯誤等原因。以電腦解題者, 電腦會給予無解的訊息, 提醒使用者注意。

$$\begin{cases} x_1 + 2x_2 \leq 8 & \cdots\cdots\cdots(1) \\ 2x_1 + x_2 \leq 10 & \cdots\cdots\cdots(2) \\ x_1 + x_2 \geq 12 & \cdots\cdots\cdots(3) \end{cases}$$

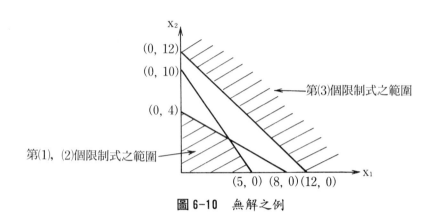

圖 6-10　無解之例

(2). **無界**: 當線性規劃問題之利潤值爲∞, 或成本值爲−∞時稱之。如
　　下例。其圖形如圖 6-11。

　　maximize: $3 x_1 + 4 x_2$

　　　　s. t.: $2 x_1 + x_2 \geqq 10$

　　　　　　　$x_1 + 2 x_2 \geqq 8$

　　　　　　　$x_1, \ x_2 \geqq 0$

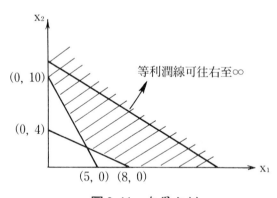

圖 6-11　無界之例

在這情況下, 可行解範圍也是無界。不過, 在可行解範圍無界限,
但目標函數值不是極值時, 則不算無界, 如上例之目標函數爲"mi-

nimize"而不是"maximize"時，則圖形如圖6-12。其最小目標值爲
20，而點坐標爲$(x_1＝4, x_2＝2)$。

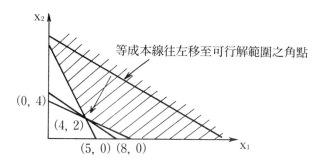

圖 6-12 可行解無界限，但目標函數爲定數

當問題爲無界時，電腦會告知無界。在實務上，不可能有利潤
爲∞或成本爲－∞之生意。一般而言，發生無界的原因，通常是人
爲錯誤，如資料或規劃上的錯誤，故規劃人員須重新更正問題，再
計算之。

(**3**). **多餘條件**：如果某個限制條件的去除，不會影響到問題的可行解範
圍，則該限制條件稱爲多餘條件。如下例，其圖如圖 6-13。

maximize：$3 x_1＋4 x_2$

s. t.：$2 x_1＋x_2 ≦ 10$

$x_1＋2 x_2 ≦ 8$

$x_1 ≦ 12$

$x_1, x_2 ≧ 0$

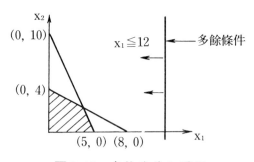

圖 6-13　多餘條件之問題

雖然多餘條件，在圖形解上，不影響可行解範圍，故當然也不會影響最佳解，但是在大型問題的求解上，則會增加計算時間，也常引起循環運算（即計算過程需無窮多次）之問題。故在規劃時，應儘量剔除多餘條件。比如，作三樣產品的預算已規定不能超出 1 萬元，當然就不需要有作其中兩樣也需小於 1 萬元之限制了。

(4). **多個最佳解**：由圖形上來看，這是表示等目標線與可行解範圍的交點不僅是角點，而是包括兩個角點在內的整條邊界線。如下例，其圖如圖 6-14。當等利潤線一直往右上方移時，會和可行解的邊界，即介於 $(x_1 = 0, x_2 = 4)$ 及 $(x_1 = 8, x_2 = 0)$ 兩點間之線段相吻合，而此線段上的點皆有最大的目標值 16。

maximize： $2x_1 + 4x_2$

s. t.： $2x_1 + x_2 \leq 10$

$x_1 + 2x_2 \leq 8$

$x_1, x_2 \geq 0$

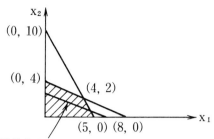

等利潤線往右上方移和可行解邊界相交

圖 6-14 多個最佳解之例

在實務上,很多問題有多重最佳解之情形發生,這情況是正常的。
而且可使管理者在作決策時有更大的資源組合彈性。此外,數個最佳解,
在數學上或電腦上之運算,都不會引起額外的麻煩,可由計算結果看出
有多個最佳解,而且其並不違背線性規劃的最佳解一定在角點上之理論
結果,因為此線段之兩個角點皆為最佳角點。

§6-7 本章摘要

⑴. 線性規劃圖解法,只可使用於二個變數之問題,但其可幫助初學者
    了解一些數學方法之解答過程。

⑵. 圖解法有等目標線法及角點法。

⑶. 線性規劃問題之特殊情況:無可行解,無界,多餘條件及多個最佳
    解。

§6-8 作業

1. 以圖解法解決線性規劃之極大及極小兩種問題時,有何異同之處?

2. 在什麼情況下,一個線性規劃問題會有多個 (但有限) 最佳解? 無
   可行解? 最佳解為無界? 有多餘條件? 請舉例以圖形說明之。在實

際的應用上，上列各種情況發生的原因爲何？可不可能發生？

3. 敍述學習線性規劃圖解法之用處及其限制。

4. 請自行設計出一套限制式或不等式，以圖解法說明下列線性規劃問題：

(a). 無界的問題。

(b). 無可行解的問題。

(c). 有過多限制式的問題。

5. 某家大製造公司的生產部經理說：「我願意應用線性規劃法。但它是一種在確定狀況下方能操作的技術，我們的工廠沒有那些確定的資料，所有資料係處在不確定的狀況下，因此線性規劃法在此無法使用。」

試評論上面敍述的眞僞，並說明爲何這位經理如此說。

6. 東方商業學院的教務長必須規劃秋季學期的課程。在這學期學生的需求爲：至少 30 門大學生課程和 20 門研究生課程。院會規定至少總共要 60 門課。大學生的每一門課的教務成本平均爲$2,500，而研究生課程每門至少$3,000，試問在秋季學期中究需有多少門大學生課程，多少研究生的課程，方能使全院的薪資支出爲最少？

(a). 以等平均線法解之。

(b). 以角點法解之。

7. MSA 電腦製造商有兩種機種的迷你電腦 A 4 與 B 5。公司雇用 5 位技術人員，每人每月組合線的工作 160 小時，管理人員要求在下個月的工作中，每位工作者必須充分工作(亦即工作 160 小時)。每一個 A 4 電腦需要 20 個工時，而每一個 B 5 電腦需 25 個工時。MSA 要求在本生產期間至少須生產 10 臺 A 4 和 15 臺 B 5。A 4 每臺有$1,200 利潤；B 5 每臺有$1,800 的利潤。試問在下月欲有最大利潤時，A 4，B 5 各需生產幾臺？以圖解法求解。

8. 使用圖解法來解決下列線性規劃問題：

　　利潤極大：$\$4\,x_1 + \$4\,x_2$

　　限制式：　　　$3\,x_1 + 5\,x_2 \leqq 150$

　　　　　　　　　$x_1 - 2\,x_2 \leqq 10$

　　　　　　　　　$5\,x_1 + 3\,x_2 \leqq 150$

　　　　　　　　　$x_1,\ x_2 \geqq 0$

9. 考慮下列問題：

　　極小化成本：$\$1\,x_1 + \$2\,x_2$

　　限制式：　　　$x_1 + 3\,x_2 \geqq 90$

　　　　　　　　$8\,x_1 + 2\,x_2 \geqq 160$

　　　　　　　　$3\,x_1 + 2\,x_2 \geqq 120$

　　　　　　　　　　$x_2 \leqq 70$

　　以圖來說明可行解區，並應用等成本線程序來指出那一個角點(Corner point)為最佳解。此時此最佳解的成本是多少？

10. B. L. W.股票經紀公司已分析並建議某投資社成員投資二種股票。這些人士所考量的股票短期成長、中期成長及股利率，相關資料如下：

考量因素	股　　票	
	A	B
每塊錢投資之短期成長潛力	$.36	$.24
每塊錢投資之中期成長潛力 (中期指三年以上)	$1.67	$1.50
股利率	4%	8%

投資社的每位成員的投資目標為：

(1). 短期至少有$720 的升值。

(2). 三年後至少有$5,000 的升值。

(3). 每年股息收入至少$200。

為達上述目標，至少應投資多少金額才可達成？以圖解法求解。

11. 廣告代理公司欲促銷新品牌的清潔劑，其促銷的目的為在$100,000 的預算內，使最多人知道這一產品。為達此目的，代理公司須決定以下最有效的二種媒體各應有多少預算，其分析結果，電視廣告與週日報的曝光率如下：

(1). 中午時段的電視廣告；每次$3,000；每次有 35000 人看到。

(2). 週日報的刊登廣告；每則$1,250；每則有 20000 人看到。

代理公司的主管根據她的經驗得知，欲使有最多的人知道此產品須同時兼採上述二種媒體。因此她決定電視廣告至少 5 次，最多不超過 25 次，而且報紙廣告至少 10 次。試問在預算內，二種媒體各須如何安排，方能使最多人知曉本產品，請應用圖解法求之。

12. 考量下面四種線性規劃模式，採圖解法來決定。

(a). 那一種模式有一個以上的最佳解？

(b). 那一個模式為無界？

(c). 那一個模式無可行解？

第一個模式	第二個模式
maximize：$10 x_1 + 10 x_2$	max：$3 x_1 + 2 x_2$
s. t.：$2 x_1 \leqq 10$	s. t.：$x_1 + x_2 \geqq 5$
$2 x_1 + 4 x_2 \leqq 16$	$x_1 \geqq 2$
$4 x_2 \leqq 8$	$2 x_2 \geqq 8$
$x_1,\ x_2 \geqq 0$	$x_1,\ x_2 \geqq 0$

第三個模式　　　　　　　　　第四個模式

max：$x_1 + 2x_2$

s. t.：$x_1 \leqq 1$

$\quad\quad 2x_2 \leqq 2$

$\quad\quad x_1 + x_2 \leqq 2$

$\quad\quad x_1,\ x_2 \geqq 0$

max：$3x_1 + 3x_2$

s. t.：$4x_1 + 6x_2 \leqq 48$

$\quad\quad 4x_1 + 2x_2 \leqq 12$

$\quad\quad x_1,\ x_2 \geqq 0$

13. 請以圖解法求第五章作業，第 11 題之解（MCA 問題），並解釋其結果。

第七章
單形法

§7-1 緒論

　　前章之圖解法，僅適用於兩個變數之線性規劃問題。有兩個以上變數時，問題無法畫於紙上，而須使用數學方法解決。在所有解決線性規劃問題之方法中，單形法(Simplex method)是最簡單、最有效用（雖然目前已不是最快解決線性規劃問題的方法）與最易學習者。此外，其運算過程具有經濟上的意義，可提供管理者作敏感度分析，增加了很大的使用彈性，這也是我們必須學習單形法之原因。易言之，我們的目的並不是在學習數字運算，而是在了解其何以會產生最佳答案的一種觀念。

　　單形法的運算觀念與圖解法類似，都是應用線性規劃問題一定有最佳解存在於可行解範圍角點上之觀念，發展而成。只是單形法利用基本線性代數的架構，以反覆(Iterative)運算的方法，很有系統的檢驗一部分角點之值，直到尋得最佳解。反覆(Iterative)，是使用相同的演算方法，重複運算之意。而 "Simplex" 則是數學上的名詞，表示在 n 度空間上，滿足某些特定條件的一種圖形。

§7-2 單形法的開始

單形法之使用，首先必須將問題寫成標準形式，再給予起始解後，才能正式執行。我們現仍用前一章桌椅製造之例說明之。其問題為，

$$\text{maximize}: \$14\,x_1 + \$10\,x_2$$

$$\text{s.t.}: 4\,x_1 + 2\,x_2 \leq 200$$

$$8\,x_1 + 6\,x_2 \leq 480$$

$$x_1, \; x_2 \geq 0$$

單形法之起始步驟如下：

(1). **將問題寫成標準形式**：本例題的兩個資源限制式，皆為 "≦" 之形式，須化成 "＝" 式。其方法為在該式之左邊加入一非負之數 s_1，如下：

$$4\,x_1 + 2\,x_2 + s_1 = 200$$

此數 s_1，稱為鬆弛變數(Slack variable)，其在經濟上的解釋為剩餘的資源。如本例，當 x_1 與 x_2 皆為 0 時(即都不生產)，$s_1 = 200$，表示剩餘的黏製工時。本題有兩個限制式，故須加入兩個鬆弛變數。經此程序後，問題包含四個決策變數，而成為

$$\text{maximize}: \$14\,x_1 + \$10\,x_2 + \$0 \cdot s_1 + \$0 \cdot s_2$$

$$\text{s.t.}: 4\,x_1 + 2\,x_2 + s_1 = 200$$

$$8\,x_1 + 6\,x_2 + s_2 = 480$$

$$x_1, \; x_2, \; s_1, \; s_2 \geq 0$$

讀者會發現，在目標函數上，鬆弛變數之利潤為$0，因為剩餘的資源並不創造利潤。在實務上，剩餘的資源亦可看作是一種「產品」決策變數。

(2). **給予一起始基本可行解(Initial basic feasible solution)**：假

設問題有 2 個變數，2 個等方程式，則高中數學告訴我們，如果有解的話，這樣的問題可求得唯一解。但是現在問題有 2 個等方程式，4 個變數，則問題可能有很多解。解法之一，是隨便給予其中兩數任意數，再求得另外兩數之值。如本題，給予 $x_1 = 2$，$x_2 = 3$，則 $s_1 = 200 - 4(2) - 2(3) = 186$，而 $s_2 = 480 - 8(2) - 6(3) = 446$。不過，最簡單的解，是讓 $x_1 = 0$ 與 $x_2 = 0$，則 $s_1 = 200$ 而 $s_2 = 480$。如果我們把它寫成向量，則這兩解可寫成：

$$\begin{bmatrix} x_1 \\ x_2 \\ s_1 \\ s_2 \end{bmatrix} = \begin{bmatrix} 2 \\ 3 \\ 186 \\ 446 \end{bmatrix} \quad 及 \quad \begin{bmatrix} x_1 \\ x_2 \\ s_1 \\ s_2 \end{bmatrix} = \begin{bmatrix} 0 \\ 0 \\ 200 \\ 480 \end{bmatrix} \begin{array}{l} \left.\vphantom{\begin{matrix}0\\0\end{matrix}}\right\} 非基本變數 \\ \left.\vphantom{\begin{matrix}200\\480\end{matrix}}\right\} 基本變數 \end{array}$$

非基本解　　　　基本解

圖 7-1　基本解與非基本解

基本可行解的意義是如果只有二個限制式，則不管有多少個變數，最多只能有二個數為正數，其餘皆需為零。而由圖形上來看，基本可行解就是相當於一個角點，故在圖 7-1 中，第一個解是非基本可行解，因其有四個正數。而第二個解是基本可行解，因為其只有二個數為正數，而其餘為 0；這兩個正數，我們稱之為基本變數，而值為 0 者則稱為非基本變數。故在第二個解中，s_1 與 s_2 為基本變數，而 x_1 與 x_2 為非基本變數；但第一個解本身就不是基本解，故無所謂基本變數或非基本變數。

事實上，讓 $x_1 = 0$，$x_2 = 0$，（則 $s_1 = 200$，$s_2 = 480$），不僅是最簡單的解，也是代表一種開始的狀況，即一開始時，沒有產品，只有材料。單形法的整個過程，即是在某個目標的追求下，嘗試把特定材料或資源，分配給某些產品並製造之，以求目標的最大滿足; 而其過程則是連續檢視某些角點 (或基本可行解), 以尋得最佳目標。

(3). **寫出起始單形表**: 首先, 將兩個限制式寫成如下之表格:

	x_1	x_2	s_1	s_2	產出數量
s_1	4	2	1	0	200
s_2	8	6	0	1	480

在第一列之數$(4, 2, 1, 0)$是第一個限制式, $4x_1 + 2x_2 + s_1 + 0 \cdot s_2 = 200$ 之係數; 而第二列 $(8, 6, 0, 1)$ 則是第二個限制式, $8x_1 + 6x_2 + 0 \cdot s_1 + 1 \cdot s_2 = 480$ 之係數。而右邊則是在二個限制式右邊之數, 表示的是資源 s_1, 其值為200; 資源 s_2, 其值為480。亦即目前的生產組合是 $\begin{bmatrix} s_1 \\ s_2 \end{bmatrix}$。而未列於左側之變數, 其值為零, 如此時 x_1 與 x_2 之產量皆為0。

事實上, 表中的係數為替代比率。比如第一行之 $\begin{bmatrix} 4 \\ 8 \end{bmatrix}$, 表示欲製造1單位 x_1, 須使用4單位 s_1 及8單位 s_2; 第二行之 $\begin{bmatrix} 2 \\ 6 \end{bmatrix}$ 表示欲製造1單位 x_2, 須使用2單位 s_1 及6單位 s_2。至於第三行之 $\begin{bmatrix} 1 \\ 0 \end{bmatrix}$ 表示 s_1 是目前的第一種產品 (數學上的名詞是第一個基本變數); 第四行之 $\begin{bmatrix} 0 \\ 1 \end{bmatrix}$ 表示 s_2 是目前的第二種產品 (亦即第二個基本變數)。

接著, 我們必須在這表上, 再加入一些演算上的重要數據, 即會對總利潤產生影響的資料。為方便說明起見, 我們先把整個表寫出, 再說明之。

c_j利→		$14	$10	$0	$0	
潤↓		x_1	x_2	s_1	s_2	產出數量
$0	s_1	4	2	1	0	200
$0	s_2	8	6	0	1	480
	z_j	$0	$0	$0	$0	$0
	$c_j - z$	$14	$10	$0	$0	總利潤 z

表 7-1　單形法起始表

(4). **單形表之說明**: 此表之第一列 (14, 10, 0, 0) 爲每單位產品
所創造的利潤, 以 c_j表示; 而左邊利潤(0, 0), 表示目前所生
產產品之單位利潤 (由於目前並未正式生產, 故產品爲資源 s_1
與 s_2, 而其並無利潤, 故爲$0)。在右下方的數爲目前的生產總
利潤 z, 而此時 z=$0×200+$0×480=$0。至於最下面兩列是
判斷目前的解是否爲最佳之關鍵數據, 我們先從 $c_j - z_j$ 列講起。

$c_j - z_j$ 列數據, 表示在目前的生產安排(s_1=200, s_2=480)
下, 想改變生產組合, 增加 j 產品 1 單位時, 所引起的總利潤增
加數額。比如 x_1 下面之$14, 表示的是將 x_1增加 1 單位時(目前
x_1之產量爲 0), 總利潤將增加$14; 而$10, 則表示 x_2增加 1 單
位時, 總利潤會增加$10。而 s_1 及 s_2 下面的$0, 則是因爲目前所
生產的產品已是 s_1 及 s_2, 故而不必減少其他產品來增加其生
產, 因此其 $c_j - z_j$値爲 0。

z_j 所表示的是,為了增加 1 單位的 j 產品,必須減少目前某產品的產量(註:目前產品為 s_1 及 s_2),以供給增加 1 單位 j 產品所需要的資源;而減少目前的某些產品,可能會使利潤減少,減少的這一部分即是 z_j。比如本例,為製造 1 單位的 x_1,須減少 4 單位的 s_1 及 8 單位的 s_2(因為 1 張桌子須 4 小時黏製與 8 小時上色時間),而 s_1 與 s_2 的利潤皆為\$0,故這種減少所引起的利潤減少為 $\$0 \times 4 + \$0 \times 8 = \$0$。總言之,對於 "maximize" 問題,如果最後一列 $c_j - z_j$ 中,有任何一數為正者,則表示其解尚不是最佳,因為只要減少其他產品,增加該類產品,即可再增加利潤。讀者現在是否可從表 7-1 判斷目前的解(即 $s_1 = 200$ 及 $s_2 = 480$)不是最佳解?為什麼?

事實上,z_j 與 $c_j - z_j$ 皆可使用數學計算而得。z_j 之計算公式為「左邊的利潤分別與各產品變數下的替代係數乘積之和」。如本例題:

$z_j(x_1) = \$0(4) + \$0(8) = \$0$

$z_j(x_2) = \$0(2) + \$0(6) = \$0$

$z_j(s_1) = \$0(1) + \$0(0) = \$0$

$z_j(s_2) = \$0(0) + \$0(1) = \$0$

而 $c_j - z_j$ 之計算公式為各產品變數之利潤減去其相對之 z_j 值,如本例題,

$(c_j - z_j)(x_1) = c_j(x_1) - z_j(x_1) = \$14 - \$0 = \$14$

$(c_j - z_j)(x_2) = c_j(x_2) - z_j(x_2) = \$10 - \$0 = \$10$

$(c_j - z_j)(s_1) = c_j(s_1) - z_j(s_1) = \$0 - \$0 = \$0$

$(c_j - z_j)(s_2) = c_j(s_2) - z_j(s_2) = \$0 - \$0 = \$0$

§7-3 單形法之步驟——最大利潤問題

前面已提過，單形法之解是否爲最佳，決定於 $c_j - z_j$ 列之值。比如 "maximize" 之問題，$c_j - z_j$ 表示的是減少目前某些產品的生產，以增加生產 1 單位 j 產品時，在總利潤上的增加額。亦即，"maximize" 之問題中，$c_j - z_j$ 列如有任何數爲正，則表示尚未求得最佳解，而必須使得該列所有的值皆 "$\leq$" 0 才可。但是如何達到這步呢？單形法利用表中比率的替換，重複同樣的運算，以達到這步驟。現以前面桌椅製造之例說明單形法運算步驟如下：

(1). **選取 $c_j - z_j$ 值爲最大者進入生產組合**：從表 7-1 的左邊，可看出目前的生產組合是 $\begin{bmatrix} s_1 \\ s_2 \end{bmatrix}$。所謂的進入生產組合，是將目前不在生產組合內的變數放入生產組合內。如此時，x_1 與 x_2 之產量皆爲 0，不在生產組合內，如果我們選擇增加 x_1（或 x_2）之產量，而將 s_1（或 s_2）之產量變爲 0，並取代 s_1（或 s_2）在左邊的位置，則稱 x_1（或 x_2）進入生產組合。

但是目前有兩個變數，x_1 與 x_2，不在生產組合內，我們應選那一個爲進入變數(Entering variable)？線性規劃理論告訴我們，只要是其相對應之 $c_j - z_j$ 值爲正者即可。如表 7-1，目前 x_1 與 x_2 之 $c_j - z_j$ 值皆爲正(x_1 爲\$14，x_2 爲\$10)，故選其中任何一個皆可。但在實際應用上，一般都選較大者以增加較多利潤，故進入變數應選 x_1。

(2). **選取產額最先降爲零者離開生產組合**：前一個步驟提到，進入生產組合的變數須取代原在生產組合內之某一變數，但應取代那一個呢？由於增加 x_1 之生產，會使得某些產品 (此時爲 s_1 與

s_2）減少。但應減少多少呢？或者說 x_1 應增加多少以使得利潤
爲最大？爲求得最大利潤，當然是 x_1 之產量越大越好，亦即儘
可能生產 x_1。但資源有限，x_1 最多只能生產到所有的 s_1 或 s_2 用
完爲止。目前 $s_1=200$，而 $s_2=480$，而製造 1 單位 x_1 需 4 單位
s_1 與 8 單位 s_2。故所有的 s_1 可製造 $\dfrac{200}{4}=50$ 單位 x_1，所有的 s_2

可製造 $\dfrac{480}{8}=60$ 單位 x_1。因選擇較大者，會使某些變數變爲負，
在實務上，這表示資源不足。故爲保持所有的變數爲非負，應
選擇較小者。因 $50<60$，故選 s_1 降爲 0，亦即選擇 s_1 離開生產
組合。這樣的選擇過程，稱爲最小比率檢定（Min ratio test），
而 s_1 被稱爲離開變數（Leaving variable）。在最小比率檢定
中，我們只比較正數，如該相對係數爲負數或 0，則該列不能用
作比較。在增加 x_1 產量，以 x_1 取代 s_1 之生產位置後，s_1 之值將
降爲 $200-4\times50=0$，而 s_2 將變爲 $480-8\times50=80$。這些過程
在 7-4 節將會再詳細計算。

(3). **作軸轉換(Pivoting)**：由表 7-1，我們知道 s_1 與 s_2 分別是該表
的第一個及第二個基本變數，因爲其下面的數據分別是 $\begin{bmatrix}1\\0\end{bmatrix}$ 與

$\begin{bmatrix}0\\1\end{bmatrix}$。現在，$x_1$ 將取代 s_1 成爲基本變數，故須將表 7-1 中，x_1 下

面的向量 $\begin{bmatrix}4\\8\end{bmatrix}$ 變爲 $\begin{bmatrix}1\\0\end{bmatrix}$ 或 $\begin{bmatrix}0\\1\end{bmatrix}$。爲做這種改變，表 7-1 內的所有比

例數據，全部必須依據某個運算程序，重新計算，這一整個計
算過程，稱爲軸轉換（Pivoting）。可說是新基本變數進入時，
各個變數間比例關係變化的計算過程。其詳細過程，於下面以
實例計算時，再說明之。

(4). **檢定最佳解**：以前一節所敍述的方法，重新計算所有的 z_j 與

$c_j - z_j$ 之值。如果所有的值皆爲負或 0, 則表示已求得最大利潤解; 否則再回到步驟(1), 重複同樣的步驟, 直到最佳解之獲得。

§7-4　最大利潤問題單形法之應用實例

我們現在以大大傢俱桌椅製造爲例, 詳細說明單形法計算過程, 其整個過程可使用表格的形式說明之。比如表 7-1 即是本例題的單形法第一表。其步驟如下:

(1). **設定單形法第一表**: 以 7-2 節內所說明的起始單形表形成步驟, 寫出本題的第一個單形表, 即表 7-1。

(2). **求出單形法第二表**:

(a)找出進入變數: 在 7-3 節內, 我們已說明表 7-1 並非最佳表, 因爲其最大的 $c_j - z_j$ 爲正數\$14, 故選 x_1 爲進入變數。

(b)找出離開變數: x_1 的製造會使目前的產品 s_1 與 s_2 減少, 而其選擇的方法是以最小比率檢定法選擇之, 即選 $\dfrac{200}{4}$ 及 $\dfrac{480}{8}$ 兩者中較小者, 爲離開變數。在 7-3 節內, 我們已討論過應選 s_1 爲離開變數。

(c)作軸轉換: 目前已選定 x_1 進入而 s_1 離開, 故而表 7-1 左邊的 $\begin{bmatrix} s_1 \\ s_2 \end{bmatrix}$, 須變爲 $\begin{bmatrix} x_1 \\ s_2 \end{bmatrix}$, 亦即 x_1 下面的向量須變爲 $\begin{bmatrix} 1 \\ 0 \end{bmatrix}$, 而目前該處的向量爲 $\begin{bmatrix} 4 \\ 8 \end{bmatrix}$。爲使得 4 變爲 1, 第一列的數須全部除以 4〔註: 高中數學告訴我們, 將一個方程式左右邊全除以同一個數, 不會改變其原有的解〕。故而其第一列由表 7-2 之數據 (在除以 4 後) 變爲如表 7-3 之數據。數學上的名詞, 稱軸轉換的行爲主軸行(Pivot column), 列爲主軸列(Pivot row）；而該行列相交之數，稱爲軸元素(Pivot element)，如表 7-2 之說明。

	x_1	x_2	s_1	s_2	產出數量
s_1	④	2	1	0	200 ←主軸列
s_2	8	6	0	1	480

↑　軸元素

主軸行

表 7-2　軸元素、主軸行、主軸列之位置

	x_1	x_2	s_1	s_2	產出數量
x_1	1	$\frac{1}{2}$	$\frac{1}{4}$	0	50
s_2	8	6	0	1	480

表 7-3　將軸元素化爲 1 後之單形表

整個步驟尚未完成，我們必須把 x_1 下面之係數變爲 $\begin{bmatrix}1\\0\end{bmatrix}$ 才可。目前該行係數爲 $\begin{bmatrix}1\\8\end{bmatrix}$，爲使 8 變爲 0，我們需將表 7-3，第二列之數減去第一列的數乘以 8，〔註：高中數學告訴我們，一個方程式減去另一個方程式乘以一常數，不改變原方程組之解。〕故而得到如下之表：

	x_1	x_2	s_1	s_2	產出數量
x_1	1	$\dfrac{1}{2}$	$\dfrac{1}{4}$	0	50
s_2	$8-1\times 8$	$6-\dfrac{1}{2}\times 8$	$0-\dfrac{1}{4}\times 8$	$1-0\times 8$	$480-50\times 8$

$$\Downarrow$$

	x_1	x_2	s_1	s_2	產出數量
x_1	1	$\dfrac{1}{2}$	$\dfrac{1}{4}$	0	50
s_2	0	2	-2	1	80

表 7-4　將主軸行化爲 $\begin{bmatrix} 1 \\ 0 \end{bmatrix}$ 後之單形表

(d)重新計算 z_j 値：目前 x_1 變爲基本變數之一，而其利潤爲每單位 $14，故須重新計算 z_j 値如下：

		x_1	x_2	s_1	s_2	產出數量
$14	x_1	1	$\dfrac{1}{2}$	$\dfrac{1}{4}$	0	50
$0	s_2	0	2	-2	1	80
	z_j	$\$14\times 1+\$0\times 0$	$\$14\times\dfrac{1}{2}+\$0\times 2$	$\$14\times\dfrac{1}{4}-\$2\times 0$	$\$14\times 0+\$0\times 1$	$\$14\times 50+\$0\times 80$
		‖	‖	‖	‖	‖
		$14	$7	$\dfrac{7}{2}$	$0	$700

表 7-5　z_j 之計算

(e)重新計算 $c_j - z_j$ 值：由於 z_j 已改變，故 $c_j - z_j$ 值重新計算如下，c_j 值寫於表最上端。

	$c_j \rightarrow$	$14	$10	$0	$0	
	$\downarrow$	x_1	x_2	s_1	s_2	
$14	X_1	1	$\dfrac{1}{2}$	$\dfrac{1}{4}$	0	50
$0	S_2	0	2	-2	1	80
	Z_j	$14	$7	$\dfrac{7}{2}$	$0	$700
	$c_j - z_j$	$14 - $14	$10 - $7	$0 - $\dfrac{7}{2}$	$0 - $0	
		$\parallel$	$\parallel$	$\parallel$	$\parallel$	
		$0	$3	$\dfrac{7}{2}$	$0	

表 7-6 $c_j - z_j$ 之計算（完成單形法第二表）

(f)檢定是否已求得最佳解：表 7-6 已求得單形法第二表。目前的產量是 $x_1 = 50$（即製造桌子 50 張），$s_2 = 80$，其餘爲 0，而總利潤爲 $700。讀者是否發現該表仍非最佳表呢？對的，由於，x_2 下面之 $c_j - z_j$ 值爲 $3 > 0$，表示增加 1 單位 x_2 產量，可使利潤增加 $3，故本表仍非最佳表，需選擇 x_2 爲進入變數，重新回到步驟(2)之(a)，開始單形法第三表之計算。

(3)．**求出單形法第三表**：我們現在將單形法第三表之計算過程列示如下：

(a)決定主軸行與主軸列：主軸行之選擇在步驟(2)之(f)已提到，爲 x_2，因其 $c_j - z_j = \$3 > 0$。主軸列之選取，乃以最小比率檢定法求得，其計算過程爲以右邊產出數量，除以主軸行內各數，故得 $\dfrac{50}{\frac{1}{2}} = 100$ 及 $\dfrac{80}{2} = 40$，並從中選擇一較小者。因爲 $40 < 100$，故選 s_2 列，亦即選 s_2 爲離開變數。讀者是否可詮釋 $\dfrac{50}{\frac{1}{2}}$ 及 $\dfrac{80}{2}$ 這兩個計算，在實務上的意義？主軸行，主軸列及軸元素之選擇，如表 7-7。

		$14	$10	$0	$0	產出數量
		x_1	x_2	s_1	s_2	
$14	x_1	1	$\dfrac{1}{2}$	$\dfrac{1}{4}$	0	50
$0	s_2	0	②軸元素	-2	1	80 ←主軸列
	z_j	$14	$7	$\dfrac{7}{2}$	$0	$700
	$c_j - z_j$	$0	$3	$-\dfrac{7}{2}$	$0	
			↑主軸行			

表 7-7　單形法第三表，主軸行、主軸列及軸元素之選擇

(b)將軸元素化爲 1，亦即將 s_2 以 x_2 取代，並將該列全部的數以 2 除之。在經過運算整理後，可得出下表。

	x_1	x_2	s_1	s_2	產出數量
x_1	1	$\frac{1}{2}$	$\frac{1}{4}$	0	50
x_2	0	1	-1	$\frac{1}{2}$	40

(c)將主軸行化爲$\begin{bmatrix}0\\1\end{bmatrix}$：因爲 x_2 取代 s_2 成爲第二個基本變數，故應

將 x_2 下面之係數變爲$\begin{bmatrix}0\\1\end{bmatrix}$。爲使 1 上面之係數變爲 0，則第一列

所有的數應減去第二列其相對之數$\times\frac{1}{2}$，得到：

	x_1	x_2	s_1	s_2	產出數量
x_1	$1=1-0\times\frac{1}{2}$	$0=\frac{1}{2}-1\times\frac{1}{2}$	$\frac{3}{4}=\frac{1}{4}-(-1)\times\frac{1}{2}$	$-\frac{1}{4}=0-\frac{1}{2}\times\frac{1}{2}$	$30=50-40\times\frac{1}{2}$
x_2	0	1	-1	$\frac{1}{2}$	40

(d)重新計算 z_j 值：

		$14	$10	$0	$0	產出數量
		x_1	x_2	s_1	s_2	
$14	x_1	1	0	$\frac{3}{4}$	$-\frac{1}{4}$	30
$10	x_2	0	1	-1	$\frac{1}{2}$	40
	z_j	$\$14\times1+\$10\times0$	$\$14\times0+\$10\times1$	$\$14\times\frac{3}{4}+\$10(-1)$	$\$14(-\frac{1}{4})+\$10\times\frac{1}{2}$	$\$14\times30+\$10\times40$
		$\parallel$	$\parallel$	$\parallel$	$\parallel$	$\parallel$
		$14	$10	$\$\frac{1}{2}$	$\$\frac{3}{2}$	$820

(e)重新計算 $c_j - z_j$ 值：

$c_j \rightarrow$	$14	$10	$0	$0	產出數量
$\downarrow$	x_1	x_2	s_1	s_2	
$14　x_1	1	0	$\dfrac{3}{4}$	$-\dfrac{1}{4}$	30
$10　x_2	0	1	-1	$\dfrac{1}{2}$	40
z_j	$14	$10	$\dfrac{1}{2}$	$\dfrac{3}{2}$	$820
$c_j - z_j$	$0	$0	$-\$\dfrac{1}{2}$	$-\$\dfrac{3}{2}$	
	$\parallel$	$\parallel$	$\parallel$	$\parallel$	
	$14-\$14$	$10-\$10$	$0-\$\dfrac{1}{2}$	$0-\$\dfrac{3}{2}$	

表 7-8　單形法第三表

(f)檢定是否已求得最佳解：在表 7-8 中，我們可看出目前的生產
　組合已是最佳，因為所有的 $c_j - z_j$ 值皆為 0 或負，如改變目前生
　產組合，只會使得總利潤降低或不變。由表 7-8，可求出最佳解
　為 $x_1{}^* = 30$，$x_2{}^* = 40$，$s_1{}^* = 0$，$s_2{}^* = 0$〔註：前面已提過，不在
　左邊產品組合內之變數，其產值為 0，故 s_1 及 s_2 皆為 0〕，亦即
　製造 30 張桌子，40 張椅子，而製造這些桌椅，將用完所有的黏
　製與上色時間，因為 $s_1{}^* = 0$，$s_2{}^* = 0$。此外，其總利潤為$820。
單形法須一直操作到尋得最佳解為止。讀者現在可能會有個問題，
那到底單形法需重複幾次，才能得到最佳解？在理論上，尚無證明；但
在實務上，如問題有 m 個限制式，則一般可在 m 步內得到答案。不過，

也有例外的情形，尤其是出現循環運算(cycling)時，問題會無窮盡的解下去。這情形我們會在 7-7 單形法的特殊情況一節中，再作解釋。

§7-5 "≧" 或 "＝" 限制式之作法

在 7-2 節，我們敍述單形法首先須把其限制式化成等式限制式，以開始單形法之計算。但前面所舉的桌椅製造例，其限制式爲 "≦" 之形式。故須加入鬆弛變數，以使之爲等式。如果是 "≧" 及 "＝" 之情況，則該如何將之變爲開始計算單形法之標準形式？我們先來看一個問題。

〈例 7-1〉

人人塑膠公司接了一個 500 磅塑膠的訂單。此類塑膠產品需用到磷與鉀兩種化學原料。資料顯示，磷每磅$150，而鉀每磅$180。爲符合品質要求，磷的總磅數不得超出 150 磅，而鉀不得低於 75 磅。你建議該公司應使用磷、鉀各多少磅於此產品上？請僅列出線性規劃模式，不必計算。

[解答]

題目模式化後，成爲：

$$\text{minimize:} \quad \$150\,x_1 + \$180\,x_2$$

$$\text{s.t.:} \quad x_1 + x_2 = 500$$

$$x_1 \leq 150$$

$$x_2 \geq 75$$

$$x_1, \ x_2 \geq 0$$

其中，x_1 與 x_2 分別是磷與鉀的使用磅數。

本題的第二個限制式爲 "≦" 之形式，故可加入鬆弛變數使之成爲等式。但另兩式，一爲 "＝" 式，一爲 "≧" 之形式，則須另以他法爲之。我們先介紹兩個名稱。

(1). **多餘變數(Surplus variable)**：在經濟上的解釋，指超出最低需求的數目。如本例題，鉀最少需 75 磅，即 $x_2 \geqq 75$，故加入一正數 s_2，可寫成等式 $x_2 - s_2 = 75$。s_2 即是鉀的使用，超出 75 磅的部分。此外，我想讀者也應注意到多餘變數必爲非負，因爲其表示的是一種數量。

(2). **人工變數(Artificial variable)**：將這類變數加入限制式中，純粹是方便計算之用。我們在前面說過，單形法須由使用者提供起始解。當然，我們所提供的起始解，應該是最簡單的。比如大大傢俱之例，其工時之限制式爲：

$$4\,x_1 + 2\,x_2 \leqq 200 \Rightarrow 4\,x_1 + 2\,x_2 + s_1 = 200$$
$$8\,x_1 + 6\,x_2 \leqq 480 \Rightarrow 8\,x_1 + 6\,x_2 + s_2 = 480$$

其最簡單的起始解是 $x_1 = 0$，$x_2 = 0$，故得 $s_1 = 200$，$s_2 = 480$。但現在例 7-1 之第一個限制式爲 $x_1 + x_2 = 500$，如讓 $x_1 = 0$，$x_2 = 0$，則左邊和亦爲 0，不等於右邊的 500。故須加入一個「人工變數」，使其值爲 500，以保持左右相等。如本式，加入人工變數 A_1，將成爲

$$x_1 + x_2 + A_1 = 500$$

故可讓 $x_1 = 0$，$x_2 = 0$，而 $A_1 = 500$，爲最簡單的起始解。

　　例 7-1 之第三個限制式，在加入多餘變數後，成爲 $x_2 - s_2 = 75$。但如我們讓 $x_2 = 0$，則 s_2 須爲 -75 以使左右兩邊相等。但多餘變數值需爲非負，此解並非可行。故同樣的，我們需在該式再加入人工變數，成爲 $x_2 - s_2 + A_2 = 75$，而取 $x_2 = 0$，$s_2 = 0$，$A_2 = 75$ 爲該式最簡單的起始解。總言之，加入人工變數之目的，乃在輕易取得起始解。

在加入鬆弛變數、多餘變數及人工變數後，本題成為單形法開始前的標準形式，如下：

minimize: $\$150\,x_1 + \$180\,x_2 + \$0 \cdot s_1 + \$0 \cdot s_2 + \$MA_1 + \$MA_2$

$$
\begin{aligned}
\text{s.t.:} \quad x_1 + x_2 \qquad\qquad + A_1 \qquad\quad &= 500 \\
x_1 \qquad\quad + s_1 \qquad\qquad\qquad &= 150 \\
x_2 \qquad\quad - s_2 \qquad + A_2 &= 75 \\
x_1,\ x_2,\ s_1,\ s_2,\ A_1\ A_2 &\geq 0
\end{aligned}
$$

讀者應注意到，在上例中，s_1 與 s_2 之成本為 $\$0$，而 A_1 與 A_2 之成本為 $\$M$。其意義解釋如下：

(1). **鬆弛變數 s_1 之成本為 $\$0$**：如本題對磷的需求，不得超出 150。$s_1$ 所表示的即是未達 150 的部分，而這一部分並未實際購買，故其成本為 $\$0$。

(2). **多餘變數 s_2 之成本為 $\$0$**：如本題對鉀的需求，不得低於 75。$s_2$ 所表示的即是超出 75 的部分，由於其成本的計價已於 x_2 處計算，s_2 只是表示超出的數量而已，故其成本為 $\$0$。

(3). **人工變數 A_1 與 A_2 之成本皆為 M（M 表示是非常大的數如 ∞）**：人工變數既然只是純為計算上之方便而加入，故這種變數不應出現在任何可行解中。比如，如 $A_1 = 10$，則由第一個限制式中，得 $x_1 + x_2 = 490$。但這違背題目的意思，因為我們規定 x_1 與 x_2 應剛好為 500。由於人工變數的起始解必定為正(為什麼?)，我們須加入很大的數 M（如 ∞）於最小化成本問題中；而加入很小的數 $-M$（如 $-\infty$）於最大化利潤問題中，以迫使其最後一定會消失掉，成為 0。在實際的運算上，M 可任取很大的數，而在模式的表示上，為方便起見，一般以 M 表示。

§7-6　最小成本問題之解決過程

　　單形法使用於最小成本問題之過程，除了進入變數之選擇標準不同外，與將其使用於最大利潤問題之過程是一樣的。我們在前面已詳細敍述，最大利潤問題須選擇 c_j-z_j 為正者為進入變數；那最小成本問題，是否就是選擇 c_j-z_j 為負者為進入變數了？對的，因為最小成本問題目的在使成本為最小，而 c_j-z_j 表示的就是增加 1 單位 j 材料之使用，所引起的總成本增加。故而當 c_j-z_j 為負時，增加該材料之使用(同時減少其他材料之用量)，可使總成本減少(因為總成本和一負數相加, 其值會減少)；而當 c_j-z_j 為正時, 增加該類材料之使用, 則會使總成本增加。故單形法使用於最小成本問題時, 須作到所有的 c_j-z_j 皆為正或 0 時, 才是最佳解之獲得。一般而言, 進入變數皆選 c_j-z_j 為最小者 (即負的最大數者), 至於其他計算過程, 如最小比率檢定以選取離開變數, 及軸轉換過程, 則和其使用於最大利潤問題時完全一樣。

　　我們現在即把單形法使用於例 7-1 時之各單形表列出, 以供讀者參考。詳細步驟則留待讀者自行計算。

　　例 7-1 之單形法過程:

(1). 單形法起始表

c_j →		$150	$180	$0	$0	$M	$M	數量	
↓		x_1	x_2	s_1	s_2	A_1	A_2		
$M	A_1	1	1	0	0	1	0	500	$\frac{500}{1}=500$
$0	s_1	1	0	1	0	0	0	150	←係數為0, 不能比較
$M	A_2	0	①元素(軸元素)	0	-1	0	1	75	$\frac{75}{1}=75$ ←主軸列
	z_j	$M	$2M	0	-$M	$M	$M	$575M	總成本
	c_j-z_j	-$M+150	-$2M+180	0	$M	$0	$0		

↑主軸行 (於 x_2)

(2). 單形法第二表

c_j→		$150	$180	$0	$0	$M	$u	數量	
↓		x_1	x_2	s_1	s_2	A_1	A_1		
$M	A_1	1	0	0	1	1	-1	425	$\frac{425}{1}=425$
$0	s_1	①元素(軸元素)	0	1	0	0	0	150	$\frac{150}{1}=150$ ←主軸列
$180	x_2	0	1	0	-1	0	1	75	←因係數為0, 不能比較
	z_j	$M	$180	$0	$M-$180	$M	-$M+$180	$425M+$13,500	
	c_j-z_j	-$M+$150	$0	$0	-$M+$180	$0	$2M-$180		

↑主軸行 (於 x_1)

(3). 單形法第三表

$c_j \rightarrow$	$150	$180	$0	$0	$M	$M	數　量
↑	x_1	x_2	s_1	s_2	A_1	A_2	
$M　A_1	0	0	-1	①元素(軸)	1	-1	275　$\frac{275}{1}=275$ ←主軸列
$150　x_1	1	0	1	0	0	0	150 ←係數爲0, 不能比較
$180　x_2	0	1	0	-1	0	1	75 ←係數爲負, 不能比較
z_j	$150	$180	$-\$M+\$150$	$\$M-\$180$	$M	$-\$M+\$180$	$275M+36{,}000$
c_j-z_j	$0	$0	$\$M-\$150$	$-\$M+\$180$	$0	$\$2M-\$180$	

主軸行

(4). 單形表第四表

		$150	$180	$0	$0	$M	$M	數量
$0	s_2	0	0	-1	1	1	-1	275
$150	x_1	1	0	1	0	0	0	150
$180	x_2	0	1	-1	0	1	0	350
	z_j	$150	$180	-$30	$0	$180	$0	$85,500
	c_j-z_j	$0	$0	$30	$0	$M-$180	$M	

　　本表內所有的 c_j-z_j 皆爲正數，故已達最佳解。而兩個人工變數 A_1 及 A_2 皆已不是基本變數，故其值爲 0。如前面所提到的，人工變數之加入只是爲計算上之方便，最後之值必須爲 0。

　　本題最後的解爲 $s_2=275$，$x_1=150$（磷），$x_2=350$（鉀），$s_1=0$。其

中 s_2, x_1 與 x_2 為基本變數。而 $s_2 = 275$ 表示所使用的鉀超出最低需求 75 磅之部分為 275 磅,故其使用的鉀為 $x_2 = 350$ 磅。而使用磷 150 磅,鉀 350 磅,共需成本 \$85,500。

§7-7　單形法的特殊情況

在 6-6 節中,我們提到線性規劃問題的一些特殊狀況。那些情況在單形法的計算過程中,都可被偵察出來。我們現在略述那些情況與單形法的關係,使讀者在使用單形法電腦軟體時,能更得心應手。

(1). **無可行解**:如圖 6-10,無可行解表示找不到共同的可行範圍。而在單形法時,這種情況的發生,是當最後的解已是最佳解,但是人工變數並未消失掉,仍為正數。比如某最小成本問題,經過單形法數次運算後,得到下表:

$c_j \rightarrow$		\$150	\$180	\$0	\$0	\$M	\$M	
$\downarrow$		x_1	x_2	s_1	s_2	A_1	A_2	
\$M	A_1	0	0	-1	-1	1	-1	275
\$150	x_1	1	0	1	0	0	0	150
\$180	x_2	0	1	0	1	0	1	75
	z_j	\$150	\$180	$-\$M+\$150$	$-\$M+\$180$	\$M	$-\$M+\$180$	\$275 M + \$360,000
	$c_j - z_j$	\$0	\$0	\$M − \$150	\$M − \$180	\$0	\$2 M − \$180	

表 7-9　無可行解的情形

由於該題是最小成本問題,須作到所有的 $c_j - z_j$ 皆 ≥ 0。而此表中,所有的 $c_j - z_j$ 皆 ≥ 0,表示已求得最佳解。但人工變數 A_1 仍是基本變數,

且其值爲 275＞0，並未消失掉，故該題無解。發生無解時，表示資料或
規劃錯誤，或者是原料不足，需求過高等原因，分析人員必須重新校正
資料及規劃，以找出原因。不過我們必須說明的是，如最後的解中，人
工變數仍爲基本變數但其值爲 0 時，則仍表示題目有解，亦即最後只要
人工變數之值爲 0 即可，不管其爲基本或非基本變數。

　(2). **無界**：如圖 6-11 之情況。無界表示目標函數爲極值 (∞
或－∞)。在單形法中，此情況的發生是在最小比率檢定中，在主軸行中
的替代比率係數皆爲負數或 0。比如下表乃是一最大利潤問題之計算結
果：

$c_j \rightarrow$		$8	$6	$0	$0	數	
↓		x_1	x_2	s_1	s_2		
$0	s_1	0	-2	1	-1	10	←係數爲負，不能比較
$8	x_1	1	0	0	2	20	←係數爲零，不能比較
	z_j	$8	$0	$0	$16	$180	
$c_j - z_j$		$0	$6	$0	$-$16		
			↑ 主軸行				

表 7-10　無界的情形

在此表中，其主軸行係數爲－2 與 0，皆≦0。故本題的解爲無界，即目
標函數爲∞。

　　讀者是否已經想到爲何主軸行係數爲負數或零時，目標函數會有極
值？以本題爲例，增加 1 單位 x_2，可使總利潤增加$6，爲使利潤最大，
x_2 的產量當然越大越好。而 x_2 產量的增加會改變目前的生產組合，即 s_1
與 x_1。假設 x_2 的增加量爲△x_2，因爲－2 及 0 分別是 x_2 與 s_1 及 x_1 之替換

比率，故 x_2 增加 $\triangle x_2$，會使 s_1 之產量成為 $10-(-2)\cdot(\triangle x_2)=10+2\cdot$ $\triangle x_2$，x_1 之產量成為 $20-(0)\cdot(\triangle x_2)=20$（為什麼？）。故而當 $\triangle x_2$ 為 ∞ 時，s_1 也同時會達到 ∞，而 x_1 保持 20，皆是正數，不會違背非負假設。此外，增加 x_2 1 單位會使利潤增加\$6，故所增加的利潤為\$6 $\triangle x_2$。因此，當 $\triangle x$ 為 ∞ 時，總利潤亦為 ∞。這也是在最小比率檢定中，只要比較係數為正數的原因，因為惟有正的係數，才能保證問題不會成為無界。

在實務上，發生無界的原因通常是資料或規劃錯誤，因為不可能有利潤無窮大或成本無窮小的情形。如發生無界，分析人員必須重新審察資料甚至需重新確定問題。

(3). 退化解(Degeneracy)：前面提過，在單形法中，非基本變數之值皆為 0，只有基本變數值會大於 0。但是如基本變數中有值為 0，則這樣的解，稱之為退化解。換句話說，如最小比率檢定時，有兩列的比率相同時，會有退化解產生。如表 7-11。（為最大利潤問題）

		\$6	\$4	\$7	\$0	\$0	\$0		
		x_1	x_2	x_3	s_1	s_2	s_3		
\$0	s_1	3	0	1	1	0	1	10	$\leftarrow \dfrac{10}{1}=10$
\$0	s_2	4	0	2	0	1	-1	20	$\leftarrow \dfrac{20}{2}=10$
\$4	x_2	1	1	1	0	0	2	12	
	z_j	\$4	\$4	\$4	\$0	\$0	\$8	\$40	
	c_j-z_j	\$2	\$0	\$3	\$0	\$0	$-\$8$		

$$\uparrow$$
主軸行

表 7-11　相同的最小比率會引起退化解

表 7-11 中，右邊所得的比率皆為 10，可任選其中一個為主軸列，作軸轉換。如選 s_1 為主軸列，可得表 7-12 的生產組合；如選 s_2 為主軸列，可得表 7-13 之生產組合。讀者可發現這兩個表之最佳解皆為 $x_2 = 2$，$x_3 = 10$，其餘為 0，而其目標函數皆為 78，但兩表之計算結果却不盡相同。

		$6 x_1	$4 x_2	$7 x_3	$0 s_1	$0 s_2	$0 s_3	
$7	x_3	3	0	1	1	0	1	10
$0	s_2	−2	0	0	−2	1	−3	0
$4	x_2	−2	1	0	−1	0	1	2
	z_j	$13	$4	$7	$3	$0	$11	$78
	$c_j - z_j$	−$7	$0	$0	−$3	$0	−$11	

表 7-12　退化解㈠或

		$6 x_1	$4 x_2	$7 x_3	$0 s_1	$0 s_2	$0 s_3	
$0	s_1	1	0	0	1	$-\dfrac{1}{2}$	$\dfrac{3}{2}$	0
$7	x_3	2	0	1	0	$\dfrac{1}{2}$	$-\dfrac{1}{2}$	10
$4	x_2	−1	1	0	0	$-\dfrac{1}{2}$	$\dfrac{5}{2}$	2
	z_j	$10	$4	$7	$0	$\dfrac{3}{2}$	$\dfrac{13}{2}$	$78
	$c_j - z_j$	−$4	$0	$0	$0	$-\$\dfrac{3}{2}$	$-\$\dfrac{13}{2}$	

表 7-13　退化解㈡

退化解是多餘條件的一種，有些多餘條件不會影響最佳解的求得，但退化解則會使單形法產生循環運算的情形。前面提過，由圖學上來說，單形法的過程是檢視問題的某些角點，以尋得最佳解。而循環運算即是單形法一直循環檢視某數個非最佳解的角點，循環不斷，而無法尋得最佳解。不過，幸運的是，大部分有退化解的線性規劃問題，都不會發生循環運算問題。即使發生循環現象，只要改變選擇之主軸列，即可避免此情形；而以電腦解題者，則只須改變限制式或變數的秩序即可。

(4). **數個最佳解**：在最佳解的表中，有非基本變數的 c_j-z_j 值為 0 時，表示該問題有數個最佳解。如下表（為最大利潤問題）：

		$6	$2	$0	$0		
		x_1	x_2	s_1	s_2		
$2	x_2	3	1	1	0	6	$\leftarrow \dfrac{6}{3}=2 \leftarrow$主軸列
$0	s_2	2	0	$\dfrac{3}{2}$	1	8	$\leftarrow \dfrac{8}{2}=4$
	z_j	$6	$2	$2	$0	$12	
	c_j-z_j	$0	$0	$-$2	$0		

$$\uparrow$$
主軸行

x_1 為非基本變數，其值為 0。但其 $c_j-z_j=0$，故當增加 x_1 之產量時所增加的利潤仍為 0，但我們可得到另一個最佳解，如下：

		$6	$2	$0	$0	
		x_1	x_2	s_1	s_2	
$6	x_1	1	$\dfrac{1}{3}$	$\dfrac{1}{3}$	0	2
$0	s_2	0	$-\dfrac{2}{3}$	$\dfrac{5}{6}$	1	4
z_j		$6	$2	$2	$0	$12
$c_j - z_j$		$0	$0	$-$2	$0	

在此解中，$x_1 = 2$，其亦製造$12之利潤，和前一個最佳解之利潤相同。

在實務上，線性規劃問題有數個解，是很普遍的現象，而單形法可偵測到這種情形，使管理者在其決策之制定上，有更大的彈性。

§7-8　敏感度分析

線性規劃假設問題的所有資料都是確定的，如成本、利潤、資源使用比率、或者產品需求等，都是一些固定的數據。但在實際世界裏，很多現象都是動態的，比如：價格的波動、成本的變化、需求的改變或者技術的改進等，都會影響模式的數據。換句話說，其資料都是不確定的。而敏感度分析(Sensitivity analysis)，即是分析資料的改變或不確性，對整個問題答案的影響。

管理上的敏感度分析，可說是一連串的「如果」(What-If)問題之分析。比如，如果產品的利潤少10%時……，如果廣告預算被削減時……，如果加班費是正常工資的1.5倍而每天加班1小時……，如果新機器可使每單位製造時間減少 $\frac{1}{3}$ 時……, 等問題之分析, 可說是一種結果的預測。在應用上, 管理者當然可以一再輸入各種數據, 以測定各種改變情況對線性規劃最佳解的影響, 尤其是目前電腦使用如此快速, 這樣的作法也不會很耗時。雖然如此, 這樣的敏感度分析法還是不夠系統與科學。單形法的另一個特點是, 它可以提供管理者具理論基礎的敏感度分析, 即最佳解後分析(Postoptimality analysis), 解決大部分資料上的不確定性因素。

單形法的敏感度分析, 除了可探討資料上的改變, 如目標函數、替換係數或者限制式右邊數據之改變對最佳解的影響外, 還可對模式內變數與限制式之增減作進一步分析。我們將舉例說明其中最簡單的分析, 即目標函數的改變對最佳解的影響。我們以下題為例說明之。

〈例 7-2〉

忠義棉被公司製造床罩及床單兩種產品, 同時需要剪裁及縫製時間, 該公司數量分析人員, 將問題以線性規劃法分析之, 得到如下的模式:

maximize: profit: $\$ 100\,x_1 + \$240\,x_2$

s.t.: $\quad 4\,x_1 + 8\,x_2 \leqq 160$ （縫製時間）

$\quad\quad 6\,x_1 + 2\,x_2 \leqq 120$ （剪裁時間）

$\quad\quad x_1,\quad x_2 \geqq 0$

其中 x_1: 表示床單的製造量, x_2: 表示床罩的製造量。

讀者可以從此線性規劃模式, 看出床罩及床單的分別利潤、縫製及剪裁時間嗎? [註: 床單需 4 分鐘縫製, 6 分鐘剪裁時間, 利潤每張$100; 床罩需 8 分鐘縫製, 2 分鐘剪裁時間, 利潤每張$240。] 經單形法計算, 其最佳表為:

$c_j \rightarrow$		$100	$240	$0	$0	
$\downarrow$		x_1	x_2	s_1	s_2	
$240	x_2	$\dfrac{1}{2}$	1	$\dfrac{1}{8}$	0	20
$0	s_2	5	0	$-\dfrac{1}{4}$	1	80
	z_j	$120	$240	$30	$0	$4,800
	$c_j - z_j$	$-$20	$\ \ 0	$-$30	$0	

表 7-14 忠義公司最佳單形表

由表 7-14，讀者可看出 c_j-z_j 之值全爲 0 或負，而本題爲最大利潤問題，故表 7-14 已求得最佳解。而最佳解爲 $x_1=0$，$x_2=20$，$s_1=0$，$s_2=80$。亦即製造床罩 20 張，不製造床單；而剪裁時間剩下 80 分鐘，縫製時間全部用完；共獲利潤$4,800。

我們現在來看利潤改變，對最佳解的影響。利潤的敏感度分析，可分成基本變數與非基本變數兩種改變來分析：

(1). **非基本變數**：讀者可由表 7-14，看出那兩個是非基本變數嗎？是 x_1 及 s_1。由於 s_1 是剩餘資源（縫製時間），不製造任何利潤，一般設爲$0（當然也有例外之情形，比如剩餘資源可轉售等）。現在，我們來討論 x_1（床單）的利潤變化，在那個範圍內不會影響目前所求得的最佳解。假設 x_1 的利潤增加 d 時，則其利潤變爲$100+d，而其下之 z_j 爲$120，故其 c_j-z_j 值會成爲$100+d$-$120=$-$20+d。我們知道最大利潤問題，只要所有的 c_j-z_j 全爲負或 0 時，答案即爲最佳。現在只有 x_1 下之 c_j-z_j 值成爲$-$20+d 而其他皆不變，故只要$-$20+d 仍小於或等於 0，目前所求得的最佳解並不會被改變。為使$-\$20+d\leq0$, d 值須為 $d\leq\$20$。換句話說，當 x_1 的利潤增加在 $20 以下時，目前的答案仍是最佳。

那 x_1 的利潤減少多少時，不影響目前的最佳解？憑直覺判斷，你認為是多少呢？事實上是，可減少∞。因為現在不製造 x_1 的原因，就是因為其利潤小，故如果再減少，當然就更不可能製造了，故不管少多少都不會影響目前的答案。數學上，可假設 x_1 的利潤減少 d 成為 $100-d，故其下面之 c_j-z_j 值會成為 $\$100-d-\$120=-\$20-d$。因此只要此數仍$\leq0$，則答案仍為最佳。故 d 值可到∞，亦即利潤可減少到$-\infty$。

綜合上面的討論，只要 x_1 的利潤增加不超過 20（而減少可減到$-\infty$），亦即床單的利潤只要是 $120 以下時，都不必考慮製造；如果是 $120 以上時，則應考慮開始製造，至於製造多少，則須重新以線性規劃方法計算之。(讀者認為剛好是 $120 時，需怎樣?)

(2). **基本變數**：這個在計算上較麻煩，因基本變數利潤之改變，會影響所有的 z_j 值。表 7-14 告訴我們 x_2 及 s_2 是基本變數，由於 s_2 是資源（剪裁時間），一般設為 0，不在討論之列。現在，我們討論 x_2（床罩）的利潤變化，在那個範圍內不會影響目前的最佳解。由於 x_2 目前是基本變數，其製造數大於 0，為 20。亦即其之所以被製造的原因，乃由於利潤高。因此，憑直覺判斷，如 x_2 利潤再增加，則我們仍會保持目前的最佳產製情況（如本題，以所有的縫製時間製造 x_2，床罩），不會減少 x_2 以製造 x_1。總言之，x_2 的利潤再增加時（可增到∞），不會影響生產組合，不過當然會影響總利潤。

那當 x_2 利潤減少時，會怎樣？現在假設 x_2 的利潤減少 d，則其利潤成為$240-d$。由於其對所有 z_j 會影響, 所以對所有的 c_j-z_j 亦會影響, 故須重新計算如下:

$c_j \rightarrow$		\$100	$240-d$	\$0	\$0	
$\downarrow$		x_1	x_2	s_1	s_2	
$240-d$	x_2	$\dfrac{1}{2}$	1	$\dfrac{1}{8}$	0	20
\$0	s_1	5	0	$-\dfrac{1}{4}$	1	80
	z_j	$120-\dfrac{d}{2}$	$240-d$	$30-\dfrac{d}{8}$	\$0	$4,800-20d$
	c_j-z_j	$-\$20+\dfrac{d}{2}$	\$0	$-\$30+\dfrac{d}{8}$	\$0	

表 7-15　基本變數利潤減少 d 時, z_j 及 c_j-z_j 之變化

只要保持所有的 c_j-z_j 皆為負或 0, 則目前所求得的產品組合不會改變(亦即 x_2 仍生產 20, s_1 仍生產 80, 而其餘仍為 0)。換句話說, 我們需要維持

$-\$20+\dfrac{d}{2}\leqq 0$, 及 $-30+\dfrac{d}{8}\leqq 0$, 故

$$\begin{cases} -20+\dfrac{d}{2}\leqq 0 \Rightarrow d\leqq 40 \\ \\ -30+\dfrac{d}{8}\leqq 0 \Rightarrow d\leqq 240 \end{cases}$$

為同時滿足上面兩式皆 $\leqq 0$, 需選範圍較小者, 故選 $d\leqq 40$。易言之, x_2 利潤的減少需在\$40 以內, 或是說 x_2 產品的利潤至少需要在\$200 以上, 才能維持目前的生產組合。至於在總利潤上,

如果 x_2 的利潤減少數 d 在$40 以內，則總利潤會減少$4,800－20 d。比如，當 x_2 的利潤減少$30，成為$210 時，利潤會減少 $20 \times \$30 = \$600$，成為$4,800－$600＝$4,200。而此值即是產製 20 張床罩（x_2）的利潤，$\$210 \times 20 = \$4,200$。

綜合上面的討論，只要 x_2 的利潤減少不超過$40(而增加可到∞)，亦即床罩的利潤只要是$200 以上時，都仍維持目前的生產情形；如果是$200 以下時，則應開始考慮改變目前的生產組合，至於應作何改變，則須重新以線性規劃方法計算之。(讀者認為剛好是$200 時，需怎樣?)

至於最小成本問題，除了需保持所有的 $c_j - z_j$ 值為正或 0 外，其分析方法與最大利潤問題相同。我們在本章作業第 13 題給了一個分析最小成本問題之例，讀者可試作之。

事實上，除了對成本或利潤係數作敏感度分析外，我們還可對替換係數或者限制式右邊的數據作分析。如以例 7-2 為例，可作如下之〝what-if〞分析:「目前縫製時間全部用完,如果再多聘縫製工 20 分鐘,每分鐘$20，可以嗎?」或者「如果目前剪裁時間減少 50 分鐘，會不會改變目前的生產方式?」或者「如果床單的剪裁時間少 1 分鐘，是否就可以開始製造床單了?」等的問題。此外，還可對模式內變數與限制式之增減作進一步分析，比如「如果現在所有的床單及床罩都要考慮其包裝時間時，答案會如何?」，可加入一限制式為之。或者「如果我們考慮再製造枕頭套時，則結果會如何?」，可加入一變數為之。不過，這些分析牽涉到理論性的分析技巧，不在此書之討論範圍內，有興趣之讀者，可參閱其他書籍。

§7-9 電腦之使用

我們一直強調，電腦對線性規劃模式之應用有很大的輔助，尤其更強調目前的單形法學習方式，應以電腦為主。至於其計算過程的學習，只是讓初學者了解其運算諸過程，所代表的實際意義，並加強使用時的信心與進一步分析的能力而已，故並沒有深入的理論探討。也因此，本節特說明線性規劃電腦軟體之使用情形。

首先，介紹 QSB$^+$ 之使用。QSB$^+$ 為數量方法之個人電腦套裝軟體，由 Prentice—Hall 公司所出版。其所包括之應用軟體，如圖 7-2。在將 QSB$^+$ 軟體放於磁碟機後，打入 QSB，即會出現 QSB 字樣，按〔Enter〕鍵，即出現圖 7-2。

Welcome to QSB$^+$ (Quantitative Systems for Business Plus)!

You may choose from following management science decision support systems:

⇨ 1--Linear progamming	9--Inventory theory
2--Integer linear programming	A--Queuing theory
3--Transshipment problem	B--Queuing system simulation
4--Assignment/Travel—salesman	C--Decision/probability theory
5--Network modeling	D--Markov process
6--Project scheduling--CPM	E--Time series forecasting
7--Project scheduling--PERT	F--Specify printer/display adapter
8--Dynamic programming	G--Exit from QSB$^+$

Note: Use option E to specify if you do not have an IBM graphics printer or color/graphics adapter. This will make screen/outputs less confusing Programs 1 to 4 are in QSB$^+$(I), Programs 5 to E are in QSB$^+$(II).

圖 7-2 *QSB$^+$ 所包括之數量方法軟體*

欲使用線性規劃程式時，只需鍵入 "1"，即會出現圖 7-3。

Welcome to your Linear Programming (LP) Decision Support System!
The options available for LP are as follows.
If you are a first-time user, you might benefit from option 1.

Option		Function
⇨ 1	----	Overview of LP Decision Support System
2	----	Enter new problem
3	----	Read existing problem from disk(ette)
4	----	Show input data
5	----	Solve problem
6	----	Save problem on disk(ette)
7	----	Modify problem
8	----	Show final solution
9	----	Return to the program menu
0	----	Exit from QSB⁺

圖 7-3　QSB⁺之線性規劃說明表

我們以例 7-3 說明其使用過程。

〈例 7-3〉

請使用電腦 LP 套裝軟體解決下列線性規劃問題。

$$\text{maximize：} \quad 50\,x + 60\,y$$

$$\text{s.t.：} \quad 2\,x + 3\,y \leqq 180$$

$$3\,x + 2\,y \leqq 150$$

$$x, \ y \geqq 0$$

［解答］

本解答乃是電腦畫面所出現之程序，讀者須使用電腦為之。(取材自 Prentice—Hall 之 QSB⁺使用手冊，1989)

步驟如下:

(1). 進入 QSB⁺，會出現圖 7-2 及圖 7-3。

(2). 由圖 7-3 中，作各項選擇。由於我們目前欲解決例 7-3，故須鍵入
　　　"2"，以產生此問題於電腦中。

(3). 在輸入問題之名稱後 (讀者只可以英文字母取名)，按 [Enter] 鍵，
　　　即出現圖 7-4(本題之名稱設為 TRY)。讀者可根據說明，逐步將所
　　　需資料填於空格中，再按空格鍵。

LP Model Entry for TRY

Please observe the following conventions when entering a problem:

⑴. You may choose a free or fixed format to enter your data. Bound constraints can
　　be entered separately.

⑵. For the fixed format entry, you may correct errors by pressing the BACKSPACE
　　key to move the cursor to the correct position and follow the instruction at the
　　bottom of screen to proceed to the previous／next page. Scientific numeric notation
　　is allowed for the fixed format such that 100, 100.0, +100, and 1.0E+2 are the
　　same. $>=, >, =>$, and $\geqq$ are the same; and $<=, <, =<$, and $\leqq$ are the same for
　　constraint directions.

⑶. For the free format entry, refer to the help information for direction.

⑷. You can modify the entered problem using option 7 of the function menu.

Maximize⑴or minimize⑵the objective? (Enter 1 or 2)　　　　　　　　〈1 〉

Number of variables (excluding slacks／artificials)：　　　　　　　　〈2 〉

Number of constraints (excluding bounds)：

Approximate percentage of non-zeros：　　　　　　　　　　　　　〈 〉

Use the default variable names　$(X_1, \cdots\cdots, X_n)$ (1(Yes), 0(No))：　　　　〈0 〉

Use the free format to enter data (1(Yes), 0(No))：　　　　　　　　〈0 〉

Use the fixed format to enter bounds／integrality (1(Yes), (0(No))：　　〈0 〉

圖 7-4　輸入問題 TRY 之基本資料

(4). 緊接著會出現如圖 7-5，及圖 7-6 之畫面，以便讀者輸入問題之變數
　　　名稱、目標函數及限制式。

```
Enter the variable names using at most 8 characters Page: 1
(To use the default names X₁, X₂···, Xₙ, press the ENTER key)
1: 〈   x  〉2: 〈   y   〉
```

圖 7-5　輸入變數名稱

```
          Enter the Coefficients of the LP Model Page: 1
Max 50 _____ x   60 _____ y
Subject to
(1) 2 _____ x   3 _____ y  ≦   180 _____
(2) 3 _____ x   2 _____ y  ≦   150 _____
```

圖 7-6　輸入目標函數及限制式

(5). 在輸入整個問題並鍵入空格鍵後，電腦會有資料輸入正確的表示，再按任何一個鍵，銀幕上即會回到圖 7-3。在這畫面上，讀者可作多種選擇，只要鍵入所要作的選擇號碼即可，我們說明圖 7-3 之各種選擇如圖 7-7。

```
    1-LP 系統之說明
    2-輸入新問題（輸入問題的程序如前述步驟(1)—(4)）
    3-由磁碟機上讀入既有問題（可由磁碟機 A；B；C；等讀出）
    4-顯示目前所欲解決的問題
    5-解決目前所欲解決的問題
    6-儲存目前輸入之問題
    7-修改問題
    8-顯示經解決後的問題答案
    9-回到 QSB⁺之各種軟體選擇（即圖 7-2）
    0-離開 QSB⁺，回到 DOS
```

圖 7-7　QSB⁺各種選擇之中文說明（請對照圖 7-3 之英文說明）

比如當讀者鍵入 "4" 時，會出現圖 7-8 之畫面。再鍵入

Option Menu to Show the Input Data of

You have the following options available to show the input data. If you want to print the input data, make sure that the printer is ready.

Option
⇒ 1 ----Display the input data
2 ----Print the input data
3 ----Save the input data in an ASCII file
4 ----Display in free format
5 ----Print in free format
6 ----Save in free format
7 ----Return to the function menu

圖 7-8　顯示資料之指示畫面

"1"，則出現圖 7-9，可顯示整個 LP 問題之所有輸入資料。

Input Data of the Problem TRY Page: 1

Max　$+50.0000$ x　$+60.0000$ y

Subject to

⑴　　　$+2.00000$ x　$+3.00000$ y　$\leq$　$+180.000$

⑵　　　$+3.00000$ x　$+2.00000$ y　$\leq$　$+150.000$

圖 7-9　顯示所輸入之問題

在顯示問題之資料後，再鍵入空格鍵及 [Enter] 鍵後，又會回到圖 7-3 之畫面。

⑹. 在輸入問題後，當畫面又回到圖 7-3 時，即可按鍵 "5"，告訴電腦

欲解決該問題。此時畫面會出現圖 7-10。由此畫面中，讀者可作多
種選擇，如可使用圖解法(只適用於兩個變數之問題)，也可使用單
形法解決。此外，在單形法中亦可作印出所有計算過程或者只印出
最後結果之選擇。讀者可參考圖 7-10 自行嘗試。如果我們在此時按
入〝2〞，則會出現計算之最佳結果，如圖 7-11。此圖表示最佳解為
x＝18，y＝48，最佳目標值為 3780。

Option Menu for Solving TRY

When solving a problem, you have the option to display steps
of the simplex method. This option is permissible only when your
problem is small, that is, when $N+N1+N2+N3*2 \leq 9$, where N is
the number of variables, N1 is the number of '$\leq$' constraints, N2
is the number of '$=$' constraints, and N3 is the number of '$\geq$'
constraints; otherwise, only pivoting information will be displayed.
You can also choose the graphic method when your problem has
only 2 variables and less than 10 constraints.

Option

⇨ 1 ----Solve and display the initial tableau

2 ----Solve and display the final tableau

3 ----Solve and display the initial and final tableaus

4 ----Solve and display every tableau

5 ----Solve without displaying any tableau

6 ----Solve by using the graphic method

7 ----Specify no scaling

8 ----Return to the function menu

圖 7-10　解決問題之指示畫面

Final tableau (Total iteration=2)

Basis	C(j)	x 50.00	y 60.00	S_1 0	S_2 0	B(i)	B(i) A(i,j)
y	60.00	0	1.000	0.600	− .400	48.00	0
x	50.00	1.000	0	− .400	0.600	18.00	0
C(j)−Z(j)		0	0	−16.0	−6.00	3780	
* Big M		0	0	0	0	0	

(Max.)Optimal OBJ value=3780

圖 7-11 QSB⁺所計算之單形法最佳解 (例 7-3)

⑺. 在隨意按二次鍵後，會顯示圖 7-12 之畫面。讀者可由中選擇，再重現最後之計算結果或者按 "8"，回到原先之畫面圖 7-3。

Option Menu to Show the Final Solution of AMC

You have the following options available to show the final solution. If you want to print the solution, make sure that the printer is ready.

Option
⇒　　1 ----Display the final solution

　　　2 ----Display the final solution and sensitivity analysis

　　　3 ----Display／print the solution

　　　4 ----Display／print the solution and sensitivity analysis

　　　5 ----Print the final tableau

　　　6 ----Save the final solution in an ASCII file

　　　7 ----Print the combined analysis

　　　8 ----Return to the function menu

圖 7-12 顯示最後解答之指示畫面

　　　　以上之 QSB⁺電腦計算程序, 只是簡略敍述, 詳細說明, 請參考
QSB⁺之說明手冊。

　　　　另一個我們要說明的電腦套裝軟體是 AB: QM。我們仍以例
7-3 說明之 (取材自 Allyn and Bacon 之書: *Quantitaive Analysis for Management*)。其步驟如下:

(1). 鍵入 QM, 出現 QM 字幕後, 即出現圖 7-13。由於我們現在欲使用
　　線性規劃程式, 故鍵入〝A〞, 出現如圖 7-14 之畫面。

```
─────────────── Menu 1 ───────────────
A   Linear Programming         J   CPM／PERT
B   All Integer Programming    K   Inventory Models
C   Zero One Programming       L   Queuing Theory
D   Goal Programming           M   Dynamic Programming
E   Transportation             N   Simulation
F   Assignment                 O   Forecasting
G   Break－Even Analysis        P   Markov Analysis
H   Decision Theory            Q   Game Theory
I   Network Models            Esc  Exit AB:QM
```

圖 7-13　QM 所包括之數量方法軟體

```
Linear Programming

Problem Title: TRY
Type of Problem (Max＝1／Min＝2)   1      Tableau(All＝1／Final＝2／No＝3) 2
Number of Constraints             2      Number of Variables            2

         x₁    x₂    T      Rhs
Obj      50    60    x   xxxxxxxxxx
c₁        2     3   ＜＝    180
c₂        3     2   ＜＝    150

Help  New  Load  Save  Edit  Run  Print  Install  Directory  Esc
```

圖 7-14　輸入問題所呈現之畫面

⑵. 在圖 7-14 上, 讀者可看到在最後一列有列英文功能鍵, 其說明如下:

Help: 按 H 後, 會出現使用 AB: QM 之英文說明。

New: 按 N 後, 電腦會等著你輸入資料, 你只要按照其指示輸入資料即可。

Load: 按 L 後, 電腦會出現舊有 LP 檔案, 以供你選擇。

Save: 按 S 後可將你目前輸入的問題存在 QM 之 LP 檔案中。

Edit: 按 E 後, 可修改目前正使用之問題。

Run: 按 R 後, 電腦會幫你解決目前之問題, 出現如圖 7-15 之畫面。

Print: 按 P 後, 電腦會將你的結果由印表機印出。

Install: 按 I 後, 可鍵入你目前所欲儲存問題之磁碟機, 如 A, B 等。

Directory: 按 D 後, 可看你目前所儲存的所有 LP 檔案。

Esc: 當你按鍵錯誤, 想重頭開始, 只要按 Esc 鍵, 即可再重頭修正起。

⑶. 現在欲輸入例 7-3 之資料, 故鍵入 "N", 即出現圖 7-14 之畫面, 於空白處填入所需資料。

⑷. 鍵入 "R", 即可解決問題, 如圖 7-15。由圖 7-15 中, 我們可得到最佳解 $x_1 = 18$, $x_2 = 48$ (即 $x = 18$, $y = 48$), 最佳目標值 3780。在圖 7-15 中, 讀者會發現尚有很多數據, 這些是作敏感度分析之用, 不在本書討論範圍內, 讀者可自行研究。

Program: Linear Programming

Problem Title: TRY

＊＊＊＊＊ Input Data ＊＊＊＊＊

Max. $Z = 50 x_1 + 60 x_2$

Subject to

C 1　　$2 x_1 + 3 x_2 <= 180$

C 2　　$3 x_1 + 2 x_2 <= 150$

＊＊＊＊＊ Program Output ＊＊＊＊＊

Simplex Tableau: 2

Cj			50.000	60.000	0.000	0.000
Cb	Basis	Bi	x 1	x 2	s 1	s 2
60.000	x 2	48.000	0.000	1.000	0.600	−0.400
50.000	x 1	18.000	1.000	0.000	−0.400	0.600
	Zj	3780.000	50.000	60.000	16.000	6.000
	Cj-Zj		0.000	0.000	−16.000	−6.000

Final Optimal Solution

$Z = 3780.000$

Variable	Value	Reduced Cost
x 1	18.000	0.000
x 2	48.000	0.000

Constraint Slack／Surplus Shadow Price

C 1	0.000	16.000
C 2	0.000	6.000

Objective Coefficient Ranges

Variables	Lower Limit	Current Values	Upper Limit	Allowable Increase	Allowable Decrease
x 1	40.000	50.000	90.000	40.000	10.000
x 2	33.333	60.000	75.000	15.000	26.667

Right Hand Side Ranges

Constraints	Lower Limit	Current Values	Upper Limit	Allowable Increase	Allowable Decrease
C 1	100.000	180.000	225.000	45.000	80.000
C 2	120.000	150.000	270.000	120.000	30.000

＊＊＊＊＊ End of Output ＊＊＊＊＊

圖 7-15　QM 所計算出之單形法最佳解

§7-10　本章摘要

⑴. 以單形法解決線性規劃問題之過程：標準化→給予起始解→寫出起初單形表→根據單形法每次變數轉換之條件，選出進入與離開之基本變數→作軸轉換(pivoting)→最佳解條件如滿足，即停止運算；否則必須重複運算，直到最佳解條件滿足爲止。這樣的運算過程，即爲反覆(iterative)運算法。

⑵. 單形法進入變數之選取條件：最大利潤問題，選取 $c_j - z_j$ 爲正值中之最大者；最小成本問題，選取 $c_j - z_j$ 爲負值中之最小值。

⑶. 單形法離開變數之選取條件：選取目前產值爲正而首先降爲零者，離開生產組合。

⑷. 單形法最佳解之條件：最大利潤問題，所有 $c_j - z_j$ 皆小於或等於 0；最小成本問題，所有 $c_j - z_j$ 皆大於或等於 0。

⑸. 線性規劃問題之標準化：

　　⒜限制式方面：

　　　　① "≦" 時，加入鬆弛變數。

　　　　② "≧" 時，減去多餘變數，再加入人工變數。

　　　　③ "=" 時，加入人工變數。

　　⒝成本方面：

　　　　①鬆弛及多餘變數之成本設爲 0。

　　　　②人工變數之成本，在最大利潤問題時，設爲 $-M$；最小成本問題時，設爲 $+M$，M 表示一很大的數。

⑹. 單形法可找出線性規劃問題之特殊情況：包括無可行解、無界、退化解及數個最佳解。

⑺. 敏感度分析之簡單介紹。

⑻. 電腦之使用：QSB⁺及 AB：QM 之簡單介紹。

§7-11 作業

1. 假設你已以 12 個決定變數和 8 個限制式來列線性規劃式,那麼此時會有多少個基本變數？ 基本變數和非基本變數間有何差異？

2. 應用單純法求極大和極小問題二者間有何差別？

3. 在選擇主軸列(pivot row)時使用最小比率檢定，其理由何在？

4. 若是最佳解中包含人工變數時會如何？ 此時規劃人員又應該如何處理？

5. 敍述下列情況，在使用單形法如何發現之。
   (a)無界
   (b)無可行解
   (c)退化解
   (d)數個最佳解

6. 敍述如何將一個線性規劃問題標準化。請舉例說明之。

7. 請以單形法解決下列線性規劃問題，並試以圖解法解之。

   (a). max: $3x_1 + 5x_2$
     s.t.： $x_1 \leq 6$
        $3x_1 + 2x_2 \leq 18$
        $x_1,\ x_2 \geq 0$

   (b). min: $4x_1 + 5x_2$
     s.t.： $x_1 + 2x_2 \geq 80$
        $3x_1 + x_2 \geq 75$
        $x_1,\ x_2 \geq 0$

8. LP 問題：

$$\max:\ 2x_1 + 3x_2$$
$$\text{s.t.:}\ 6x_1 + 9x_2 \leq 18$$
$$9x_1 + 3x_2 \geq 9$$
$$x_1,\ x_2 \geq 0$$

試問(1). 以單形法解決此問題。

(2). 如何知道本題有多個最佳解。

(3). 找出兩個以上最佳解。

(4). 以圖解法解題，並表示多個解之位置。

9. 將下列 LP 問題標準化。並畫出最初單形表。

(a). min: $50x_1 + 10x_2 + 75x_3$

   s.t.: $x_1 - x_2 = 1000$

          $2x_2 + 2x_3 = 2000$

        $x_1 \leqq 1500$

        $x_1, x_2, x_3 \geqq 0$

(b). max: $8x_1 + 4x_2 + 12x_3 - 10x_4$

   s.t.: $x_1 + 2x_2 + x_3 + 5x_4 \leqq 150$

          $x_2 - 4x_3 + 8x_4 = 70$

      $6x_1 + 7x_2 + 2x_3 - x_4 \geqq 120$

        $x_1, x_2, x_3, x_4 \geqq 0$

(c). min: $4x_1 + 5x_2$

   s.t.: $x_1 + 2x_2 \geqq 80$

      $3x_1 + x_2 \geqq 75$

      $x_1, x_2 \geqq 0$

(d). min: $4x_1 + x_2$

   s.t.: $3x_1 + x_2 = 3$

      $4x_1 + 3x_2 \geqq 6$

      $x_1 + 2x_2 \leqq 3$

      $x_1, x_2 \geqq 0$

10. 在一求最大化線性規劃問題的第三回單形表如下：

$c_j \rightarrow$ 產品組合	$6	$3	$5	$0	$0	$0	
	x_1	x_2	x_3	s_1	s_2	s_3	數量
$5 x_3	0	1	1	1	0	3	5
$6 x_1	1	−3	0	0	0	1	12
$0 s_2	0	2	0	1	1	−1	10
z_j	$6	−$13	$5	$5	$0	$21	$97
$c_j - z_j$	$0	$16	$0	−$5	$0	−$21	

當你欲增進利潤並轉至下個求解程序時會發生何種特殊狀況?

11. 下表是一個最佳單形表, 請問基本變數的值為多少? 那些是非基本變數? 本題是極大或極小化問題? 本答案有無問題?

$c_j \rightarrow$	產品組合	3	5	0	0	$-M$	
$\downarrow$		x_1	x_2	s_1	s_2	A_1	數量
5	x_2	1	1	2	0	0	6
$-M$	A_1	-1	0	-2	-1	1	2
	z_j	$5+M$	5	$10+2M$	$+M$	$-M$	$30-2M$
	c_j-z_j	$-2-M$	0	$-10-2M$	$-M$	0	

12. 請以你所知道的電腦 LP 軟體解決第 9 題中諸線性規劃問題。

13. 第六章的第六題作業, 東方商學院排課問題是一最小成本問題。

   (a). 請將其寫成線性規劃模式, 並以單形法解之。

   (b). 在求解後, 請由其最佳單形表中, 分析大學及研究所每門課的費用應維持在何範圍內, 才不致影響你在(a)中所求得的答案?

第八章
計劃評核術與要徑法

§8-1　緒論

　　許多實務上的計劃，往往旣龐大且複雜。比如，一棟高樓大廈或者一項國家建設的規劃，都是由許多個別的工作項目組合而成，而這些工作項目的完成，須有先後次序及緩急輕重。如何妥善安排及控制個別項目，以使整個計劃得以在有限的資源下，適時完成，是很多工業或企業經營者常須面對的共同課題。如果規劃不善，浪費的不僅是時間，還可能是上千萬的資金。

　　網路分析法即是以網路特殊的結構，聯合各項獨立的工作項目於一體。尤其是其中的要徑法與計劃評核術，更能使管理者得以觀察與調整各項子工程必須完成的時間，並控制其預算，是幫助管理者規劃、操作與控制龐大專案計劃的有效工具，在實務上已廣被應用。本章主要是介紹此兩種方法。

§8-2　PERT 及 CPM 網路圖的製作步驟

　　計劃評核術(Program Evaluation and Review Technique，簡稱 PERT)與要徑法(Critical Path Method，簡稱 CPM)皆是控制專

案計劃的數量方法。不過，這兩種方法都是從一種目前仍廣被使用的條形圖——甘特圖(Gantt Chart)演變而來。我們以例 8-1 說明之。

〈例 8-1〉

　　李教授目前接受臺北市政府委託，作一項臺北市民對市政府一項新交通措施的反應，其完成日期為四個月，李教授估計此項委託計劃內各項工作所需的工作時間及其前置工作如下：〔註：前置工作乃各工作項目之前一項必須完成之工作〕

工作項目	估計所需時間	前置工作
(1)問卷設計與印製	五週	
(2)調查對象之抽樣	四週	
(3)預試	三週	(1)
(4)準備電腦分析工具	二週	(1)
(5)問卷調查	四週	(3), (2)
(6)資料整理與報告撰寫	三週	(5), (4)

　　李教授並以甘特圖繪製了此項計劃各項工作的完成日期如下。

〔解答〕

　　如果由個別項目所需的所有工作時間來看，共需 21 週。但此計劃必須在四個月（即 16 週）內完成，故必有重疊的時候，亦即如工作允許的話，可同時進行數項工作。比如問卷設計與抽樣可同時進行，故可繪出甘特圖如下。在此圖中，(1)，(2)及(3)，(4)之工作可同時進行。

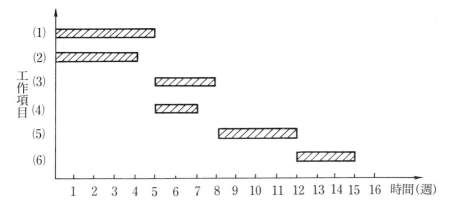

不過，甘特圖只畫出各項工作的完成順序及其開始與結束時間，並沒有成本及預算上的控制方法。而 PERT 必須列出各項工作最早及最晚可能完成的時間，CPM 則須列出趕工時間，故而在時間的控制上，將更有彈性，我們首先將 PERT 及 CPM 網路圖的繪製過程，整理如下：

PERT 及 CPM 網路圖的製作過程：

(1). 找出計劃內各項重要的工作(Activity)。

(2). 找出各項工作間的關係及必須完成的先後順序。

(3). 畫出網路圖以連接各項工作。

(4). 估計各項工作的時間及成本，並將之填入網路圖內。

(5). 計算網路圖上所需時間為最長的途徑。此途徑即所謂的「要徑」(Critical path)，只要能減少這條要徑所需的時間，即可減少整個計劃完成的時間。

(6). 利用所規劃的網路，控制及操作整個計劃完成的時間及所需成本。網路的製作實例，將於下一節內說明。

§8-3 PERT一計劃評核術

PERT 所可作的事情包括：

⑴. 何時可完成整個計劃?

⑵. 那些工作項目是重點項目(critical)? 那些則不是?

⑶. 該計劃在某個特定日期內完成的機會爲多少?

⑷. 該計劃提早、如期或落後預期完成的時間嗎?

⑸. 該計劃所使用的經費低於、剛好等於或者超出預算嗎?

⑹. 以什麼方式使該計劃在最短時間內以最少成本完成?

我們以例 8-2 及例 8-3, 說明之。

〈例 8-2〉

假設在例 8-1 中, 假設市議會要知道李教授完成該計劃的最早及最晚可能日期。故李教授再分析出各項工作項目最早 (當一切都進行得很順利時)、最可能及最晚(當一切都進行得很不順利時)完成的所需時間如下:

工作項目	最早完成時間	最可能完成時間	最晚完成時間
A. 問卷設計	二週	三週	四週
B. 抽樣地區之設計	一週	二週	三週
C. 問卷之印製	一週	二週	三週
D. 選樣	一週	二週	三週
E. 預試	二週	四週	六週
F. 準備電腦分析工具	一週	二週	三週
G. 問卷調查	三週	四週	十一週
H. 資料整理與報告撰寫	一週	三週	五週

請問: ㈠. 你期望該計劃何時可完成?

㈡. 請寫出在所期望的完成時間內, 完成各項工作的最早與最晚時間?

㈢. 在期望的完成時間內, 那些工作項目是緊要項目, 絕對不能慢, 否則將延誤整個計劃? 那些工作項目不是緊要項目, 即使稍有延誤, 亦不會影響整個計劃的完成?

㈣. 該計劃在 16 個及 19 個星期內完成的機率為多少?

[解答]

假設我們現在擬以 PERT 法規劃此項計劃, 其實施步驟和 8-3 節所述網路圖的製作過程類似。分析如下:

⑴. 列出各重要工作, 如題目所示 A 至 H 項。

⑵. 列出各項工作的前置工作, 亦即每項工作在執行前, 必須先完成的前一項工作。如下:

工 作 項 目	前 置 工 作
A. 問卷設計	
B. 抽樣地區之設計	
C. 問卷之印製	A.
D. 選樣	B.
E. 預試	C.
F. 準備電腦分析工具	C.
G. 問卷調查	D.E.
H. 資料整理與報告撰寫	F.G.

⑶. 劃出網路圖以連接各項工作

①將各項工作的開始及結束點以 ⊙ 表示, 而以 → 表示該工作。

"⊙" 我們以事件(event)稱之。比如工作 A 的表示方式為

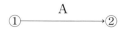

故事件是用來表示一項特定工作或作業的開始或結束。此外，我們須在事件 "⊙" 內加上號碼，以利辨認一件工作的開始與結束。事實上，我們在此所稱的事件並不消耗時間，而僅是表示一個時間的定點；而工作則需耗費時間，是由某一事件至另一事件間所需的作業。比如在上圖中，工作 A 始於事件①，而終於事件②。一般而言，網路圖皆以事件①為起點，任何一項工作如無前項工作時，皆須始起事件①，如本題之工作 A 及 B，皆無前項工作，故皆需始於事件①。因此我們可劃出如下之圖。

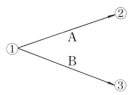

②將各項工作及事件依續畫出。在最前面之事件及工作畫出後，其後之各項工作即可依續畫出。而每畫出一項工作，緊接著，即須標明其後的終點。故本題之網路圖可整理如下。

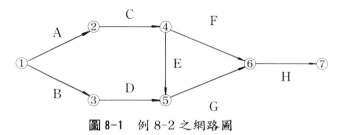

圖 8-1 例 8-2 之網路圖

本圖在畫工作 E, F 及 G 時, 可能需多檢查幾次, 以確定其
工作順序無誤, 因為 E, F 及 G 間形成一個圈(Loop), 故其
圖形之形成須較小心設計。

(4). 估計各項工作的時間

①Beta 分配: 由於工作時間的估計, 對無經驗的管理者而言,
如果資料不齊全, 很易出錯。因此 PERT 根據前面所估計的
最早、最可能及最晚完成的時間, 以統計方法算出各工作的
期望時間。PERT 所用的統計方法是 Beta 機率分配, 其機率
分配圖如下:

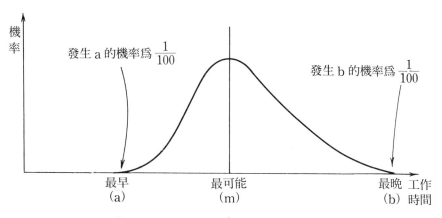

圖 8-2　三種估計時間的 Beta 分配

在該圖中, 我們以

a: 表示完成一項工作的最快時間, 亦即最樂觀的情形, 一切都進
行得非常順利時, 可能發生, 大概只有百分之一的機會。

m: 表示完成一項工作的最可能時間。

b: 表示完成一項工作的最晚時間, 亦即最差的情形, 當一切壞的
情況都被碰上時, 可能發生, 大概只有百分之一的機會。

而 Beta 的期望期，也就是完成一項工作的期望時間是

$$t = \frac{a + 4m + b}{6}$$

而其變異數則取為

$$Var = (\frac{b-a}{6})^2$$

②將各工作所需的時間彙總如下：

工作項目	最早 完成時間 a	最可能 完成時間 m	最晚 完成時間 b	期望完成時間 t $\frac{(a+4m+b)}{6}$	變異數 Var $(\frac{(b-a)}{6})^2$
A	2	3	4	3	$(\frac{4-2}{6})^2 = \frac{4}{36}$
B	1	2	3	2	$(\frac{3-1}{6})^2 = \frac{4}{36}$
C	1	2	3	2	$(\frac{3-1}{6})^2 = \frac{4}{36}$
D	1	2	3	2	$(\frac{3-1}{6})^2 = \frac{4}{36}$
E	2	4	6	4	$(\frac{6-2}{6})^2 = \frac{16}{36}$
F	1	2	3	2	$(\frac{3-1}{6})^2 = \frac{4}{36}$
G	3	4	11	5	$(\frac{11-3}{6})^2 = \frac{64}{36}$
H	1	3	5	3	$(\frac{5-1}{6})^2 = \frac{16}{36}$
				23(週)	

表 8-1 例 8-2 的工作完成時間表

故本計劃總需要的工作週數是 23 週。但由圖 8-1，我們知道本計劃的完成時間應少於 23 週，因為有些工作可同時進行。

(5). 計算最長的要徑(Critical path)

計算最長的要徑，我們必須計算各工作的下列時間：

① 以最早開始時間法計算最早開始及最早結束時間：

　ⓐ 最早開始時間(Earliest start time,ES)：即可以開始一項工作的最早時間。比如工作 A 及工作 B 是網路圖 8-1 最早開始的兩項工作。故 $ES_A=0$，　$ES_B=0$。

　ⓑ 最早結束時間(Earliest finish time: EF)：即結束一項工作的最早時間。ES 與 EF 的關係式可計算如下：

$$EF=ES+t$$

因此工作 A 的 EF_A 為 $0+3=3$，而 $EF_B=0+2=2$。

　ⓒ 依照圖 8-1 的順序，由前往後陸續算出各工作的 ES 及 EF。一般而言，一項工作的 ES 是其前置工作的 EF。但是假如其前置工作有多項時，則須選擇其中 EF 為最大者作為其 ES，如圖 8-1 中的工作 G 即有這種情形。亦即 $ES_G=\max\{EF_E, EF_D\}$。這種計算方法，我們稱之為最長路徑法(Longest path method)。比如工作 C 只有一項前置工作 A，故 $ES_C=EF_A=3$，而 $EF_C=ES_C+t_C=3+2=5$；而工作 G 有兩項前置工作 D 及 E，故 $ES_G=\max\{EF_D, EF_E\}=\max\{4, 9\}=9$，而 $EF_G=ES_G+t_G=9+5=14$。這些計算結果都列於圖 8-3。由於 H 是本計劃的最後一項工作，而 $EF_H=17$，故本計劃期望的完成時間是 17 週。

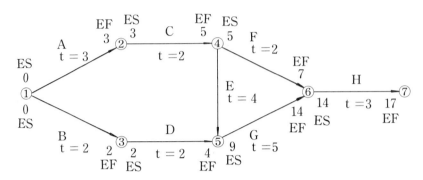

圖 8-3 例 8-2 的 ES 及 EF 圖

②以最晚開始法計算最晚開始及最晚結束時間： 前面的最
早開始法,是前進法。即由最開始點往後計算各工作的 ES 及
EF。而最晚開始法是後退法, 即由最後的點往前計算各工作
可開始及完成的最慢時間如下：

ⓐ最晚結束時間(Latest finish time, LF)： 即在不延誤整
個計劃的完成時間下, 可以結束一項工作的最晚時間。比
如工作 H 是圖 8-1 最後結束的工作, 故我們必須指派工作
H 的最後完成時間是 17, 即 $LF_H = 17$(此處的 17 週是前面
最早開始法所求出的最早總完成時間)。

ⓑ最晚開始時間(Latest start time, LS)： 即在不延誤整個
計劃的完成時間下, 可以開始一項工作的最晚時間。LS 與
LF 的關係, 可計算如下：

$$LS = LF - t$$

因此工作 H 的 $LS_H = 17 - 3 = 14$。

ⓒ依照圖 8-1 的順序, 由後往前陸續算出各工作的 LS 及
LF。一般而言, 一項工作的 LF 是其後置工作 (即在該工

作完成後，才可執行的工作，亦可說是從該事件點開始往後的所有工作）的 LS，比如工作 F 的後置工作是 H，故 $LF_F＝LS_H＝14$，而 $LS_F＝LF_F－t_F＝14－2＝12$。但是假如其後置工作有多項時，則須選擇其中 LS 為最小者作為其 LF，如圖 8-1 中的工作 C 即有兩個後置工作 E 及 F，故 $LF_C＝min\{LS_F，LS_E\}＝\{12，5\}＝5$，而 $LS_C＝LF_C－t_C＝5－2＝3$。這些計算結果都列於圖 8-4。

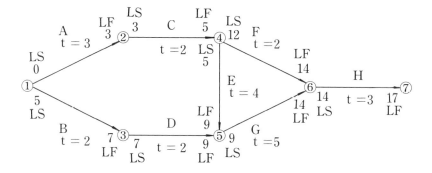

圖 8-4　例 8-2 的 LS 及 LF 圖

③計算寬裕時間(Slack time)：寬裕時間就是在不影響整個計劃的完成下，一項工作可以被拖延的時間。其值可由下列兩種公式求得，

$$Slack＝LS－ES$$
$$或\qquad Slack＝LF－EF$$

比如工作 B 的寬裕時間$＝LS_B－ES_B＝5－0＝5$，或者由 $LF_B－EF_B＝7－2＝5$ 計算而得。由這些公式與圖 8-3 的 ES／EF 值及圖 8-4 的 LS／LF 值，我們可以得出各項工作的寬裕時間如表 8-2。

工作項目	ES	EF	LS	LF	寬裕時間 LS－ES （或 LF－EF）
A	0	3	0	3	0
B	0	2	5	7	5
C	3	5	3	5	0
D	2	4	7	9	5
E	5	9	5	9	0
F	5	7	12	14	7
G	9	14	9	14	0
H	14	17	14	17	0

表 8-2 各項工作的 ES, EF, LS, LF 及寬裕時間

④決定緊要工作項目：即無寬裕時間的工作項目，因爲這些
工作皆不得延誤，一有延誤即會影響整個工作的完成時間，
比如表 8-2 中，工作 A, C, E, G 及 H 皆爲緊要工作項目，
而工作 B, D 及 F 則不是緊要工作項目，因這些工作都有寬
裕時間，即使有延誤，亦不致影響整個計劃之完成。將所有
的緊要工作連接，即可找出最長的要徑，如圖 8-5 中之粗線。

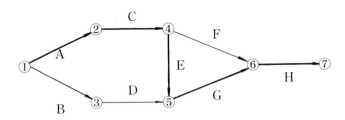

圖 8-5 要徑圖

(6). 計算該計劃在特定時間內完成的機率

①在準時完成計劃方面，PERT 有兩項假設：

@整個計劃的完成時間爲常態分配。

ⓑ每項工作的完成時間是獨立的，亦即一項工作的完成時間不會受到另一項工作的完成時間所影響。

②計算要徑上工作的標準差：由於有第一項假設，因此我們知道例 8-2，有 50% 的機會期望在 17 週內完成，因爲 17 週是以各項工作的期望完成時間所計算出者，亦即平均期望在 17 週內完成，而常態分配發生平均數以下諸數之機率爲 50%，故在 17 週內完成的機率爲 50%。此外，由於緊要項目的延誤會影響到整個計劃的完成，而且由表 8-1，我們知道這些緊要項目的變異數皆不爲 0，因此當計算在某日期內完成計劃的機率時，須考慮到這些緊要工作的變異數（因爲當這些緊要項目的變異數不爲 0 時，表示其完成的日期會在最早及最晚時間內變動，雖然這些緊要工作可能會提早完成，但由於這些是緊要工作，延誤不得，所以我們必須考慮其變異的情形，而非緊要工作，則有寬裕時間可延誤，較不重要，故在考慮變異時，僅考慮緊要工作)。故本計劃完成日期的變異數爲各項緊要工作的變異數之和，即

$$Var = Var_A + Var_C + Var_E + Var_G + Var_H \qquad \text{(由圖 8-5)}$$

$$= \frac{4}{36} + \frac{4}{36} + \frac{16}{36} + \frac{64}{36} + \frac{16}{36}$$

$$= \frac{104}{36} \qquad \text{(由表 8-1)}$$

$$= 2.89$$

故標準差爲　$\sigma = \sqrt{2.89} = 1.7$

③計算機率

$$Z = \frac{\text{所要完成之時間} - \text{期望完成的時間}}{\sigma}$$

$$= \frac{19 - 17}{1.7} = 1.18$$

查常態分配表, 可得機率為 0.88, 即在 19 週內完成的機率為 88%, 而當所要完成時間為 16 週時, 則

$$Z = \frac{16 - 17}{1.7} = -0.59$$

查常態分配表, 可得機率為 $1 - 0.72 = 0.28$, 即在 16 週內完成的機率只有 28%。

我們可將前面之計算過程整理後, 得到例 8-2 所要的答案如下:

㈠. 李教授的計劃可期望在 17 週內完成, 其機率大概是 50%。

㈡. 完成各項工作的最早與最晚時間如表 8-2 之 EF 及 LF 所示。

㈢. 緊要工作為 A、C、E、G 及 H; 不緊要工作為 B、D 及 F。不緊要工作的寬裕時間可拿來幫忙緊要工作的完成 (如圖 8-5)。

㈣. 李教授在 19 週內完成該計劃的機率達 88%, 但在 16 週內完成的機率則不到三成。

前面我們已經看過 PERT 圖之製作, 每一條線段 "→" 皆代表一項真實的工作。有時, PERT 圖之製作, 須再加入一些假想工作((Dummy work), 以利分析。我們以例 8-3 為例。

〈例 8-3〉

假設在例 8-2 中, 選樣的工作必須在問卷設計完才可開始, 請問其網路圖應成為如何?

[解答]

　　由於選樣的工作必須在問卷設計完才可開始, 亦即工作 A 是工作 D 的前置工作之一, 故其網路圖須成爲

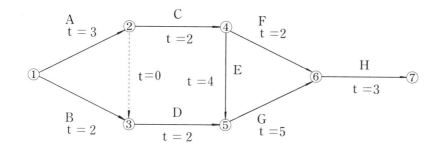

圖 8-6 假想工作的繪製

請和圖 8-1 比較。假想工作(虛線者)的最早, 最可能及最晚完成時間皆須設爲 0。雖然其工作時間皆爲 0, 此假想工作的加入, 仍可能會影響整個計劃的要徑及完成時間 (讀者可注意到在要徑上的所有緊要工作的時間和就是整個計劃的完成時間, 故當要徑被影響時, 整個計劃的完成時間也會受到影響)。不過, 加入假想工作後, 整個題目的計算過程和例 8-2 類似, 僅現在多加了一項工作而已, 讀者可依同樣的程序, 再計算之。詳細的計算程序, 作爲作業(請看本章第 16 題作業), 讓讀者自行練習。

§8-4 PERT／Cost 法

　　前面所使用的 PERT 都未牽涉到成本, 但是在計劃的控制上, 成本是很重要的因素。我們只要將前面之 PERT 稍作修正, 即可將成本因素加入問題中, 這樣的方法稱之爲 PERT／Cost 法。使用這方法時, 須先

估計出每一項工作所需的費用，如果工作項目很多，可將數項工作合併，以免使得計算過於繁雜。PERT／Cost 法使用平均的方法將各項工作的總成本平均分攤於每週作為控制之用。我們以例 8-4 說明之。

〈例 8-4〉

假設例 8-2 中，李教授的計劃須作成本控制以向市議會報告進度與成本使用是否有超出之情形。假設目前該計劃將進入第八週（即第七週末第八週初），並已完成工作 A，B 及 C。李教授將其各項工作之預算、真正使用金額及各項工作已完成部分的百分比整理如下：

工作項目	總預算	完成百分比	使用錢數
A	$15,000	100％	$14,000
B	$30,000	100％	$30,000
C	$40,000	100％	$45,000
D	$16,000	20％	$ 5,000
E	$36,000	10％	$ 2,000
F	$ 6,000	10％	$ 1,000
G	$90,000	0％	$ 0
H	$30,000	0％	$ 0

請問：㈠. 編製適當的預算表，以使李教授可以清楚看出其在各星期所能使用的預算，以幫助控制預算。

㈡. 目前李教授的進度落後嗎？

㈢. 目前李教授在錢數上的使用情形如何？

[解答]

我們擬使用 PERT／Cost 完成此項分析，步驟如下：

⑴. 將各項工作的總預算平均分攤到每週上。我們須使用表 8-2 各 ES
及 LS 值及表 8-1 之期望完成時間作分析。整理如表 8-3 所示。此表
之每週預算乃總預算除以 t 而得。

工作項目	ES	LS	期望完成 時間 t	（以仟爲單位） 總　預　算	（以仟爲單位） 每週預算
A	0	0	3	$15	$ 5（＝$15／3）
B	0	5	2	$30	$15（＝$30／2）
C	3	3	2	$40	$20（＝$40／2）
D	2	7	2	$16	$ 8（＝$16／2）
E	5	5	4	$36	$ 9（＝$36／4）
F	5	12	2	$ 6	$ 3（＝$ 6／2）
G	9	9	5	$90	$18（＝$90／5）
H	14	14	3	$30	$10（＝$30／3）

表 8-3　各項工作之每週預算

⑵. 使用 ES 值將期望完成時間內（17 週）各週的預算算出。我們在例
8-2 中，已求得本題之期望完成時間爲 17 週，利用 ES 值作爲各項
工作之開始時間，我們可得如表 8-4。表 8-4 所表示的意思，橫的方
向是每項工作在各週所能攤用的預算，而其預算所攤派到的週數是
由表 8-3 中的 ES 之下一週開始往後推算 t 週。比如：在表 8-3 中，
工作 D 的 ES＝2，t＝2，而週預算爲$8(仟元)；故在表 8-4 中，工
作 D 從第 3 週（即 ES＋1＝2＋1）開始執行並攤提費用，每週提
$8（仟元），連續提 2 週（因爲 t＝2）。以同樣方式列出各項工作各

週的預算，即完成表內各橫列預算之提列。而直的方向即表示各週各項工作所攤提的費用，而最後兩列即是各週可使用的總預算及累積可使用預算。

工作	1	2	3	4	5	6	7	8	9	10	11	12	13	14	15	16	17	週　數(以仟爲單位)
A	$5	$5	$5															$15(仟元)
B	$15	$15																$30
C				$20	$20													$40
D			$8	$8														$16
E						$9	$9	$9	$9									$36
F						$3	$3											$ 6
G										$18	$18	$18	$18	$18				$90
H															$10	$10	$10	$30
總和 $	20	20	13	28	20	12	12	9	9	18	18	18	18	18	10	10	10	$263(仟元)
累積預算	20	40	53	81	101	113	125	134	143	161	179	197	215	233	243	253	263	

表 8-4　以 ES 所計算出的每週預算表

(3). 使用 LS 值將期望完成時間內各週的費用算出。同樣的，我們可以使用 LS 法得到表 8-5。其橫與縱方向所表示的意義和表 8-4 相同，其解決方法也和表 8-4 相同。只不過我們現在使用的開始攤提時間是 LS 而不是 ES。比如在表 8-3 中，工作 D 的 LS＝7, t＝2，而週預算爲$8 (仟元)，故在表 8-5 中，工作 D 從第 8 週 (即 LS＋1＝7＋1) 開始執行並攤提費用，每週提$8 (仟元)，連續提 2 週 (因爲 t＝2)。比較表 8-4 與表 8-5, 我們可看出表 8-4 表示的是可以使用預算及執行工作的最早週數，而表 8-4 則是表示最晚的週數。

工作	週 數(以仟爲單位)																	
	1	2	3	4	5	6	7	8	9	10	11	12	13	14	15	16	17	
A	$5	$5	$5															$15(仟元)
B						$15	$15											$20
C				$20	$20													$40
D								$8	$8									$16
E						$9	$9	$9	$9									$36
F													$3	$3				$ 6
G										$18	$18	$18	$18	$18				$90
H															$10	$10	$10	$30
總和 $	5	5	5	20	20	24	24	17	17	18	18	18	21	21	10	10	10	$ 263(仟元)
累積預算	5	10	15	35	55	79	103	120	137	155	173	191	212	233	243	253	263	

表 8-5　以 LS 所計算出的每週預算表

(4). 將 ES 及 LS 法所算出的每週預算數彙總成圖，如圖 8-7。

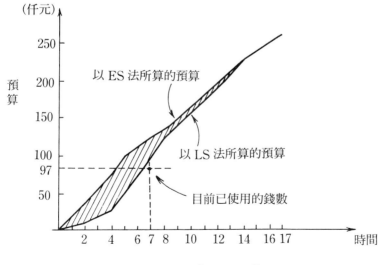

圖 8-7　例 8-4 每週的預算圖

我們將表 8-4 及表 8-5 最後一列的累積預算值，依其週數繪製成預算圖，如圖 8-7。在斜線內的值即合乎預算的費用。比如本題的時間是第 7 週末，所使用的總共費用（第 1 週至第 7 週）為 $14＋$30＋$45＋$5＋$2＋$1＝$97（仟元），故在費用的使用上，不在斜線內。事實上是低於預算，如圖 8-7 所示。如果是 $150（仟元），則超出預算，因此，圖 8-7 可大略表示預算的使用情形。

(5). 控制每項工作的預算與進度

圖 8-7 只能大略的看出每週的總預算額度，對於每項工作的預算與進度是否相配合，並不能表示出來，如本題所花費金額較預算少，可能是由於進度落後所致。在這方面，我們可使用下列兩公式計算，

① 所完成工作的價值＝所完成該工作的百分比×該工作的總預算

② 預算使用差距＝真正花費－所完成工作的價值

由預算差距，即可看出預算使用情形。比如本題，我們可將各項工作的進度與預算彙整如下：

工作	總預算 （仟為單位）	完成百分比	所完成工作 的價值(仟)	真正花費	預算使用差距(仟)
A	$15	100%	$15 （$15×100%）	$14	－$1 （$14－$15）
B	30	100%	$30 （$30×100%）	30	$0 （$30－$30）
C	40	100%	$40 （$40×100%）	45	$5 （$45－$40）
D	16	20%	$3.2 ($16× 20%)	5	$1.8 ($5－$3.2)
E	36	10%	$3.6 ($36× 10%)	2	－$1.6 ($2－$3.6)
F	6	10%	$0.6 ($6× 10%)	1	$0.4 ($1－$0.6)
G	90	0	$0 （$90× 0%）	0	$0 （$0－$0）
H	30	0	$0 （$30× 0%）	0	$0 （$0－$0）
			$92.4	$97	（超出)$4.6(仟元)

由此表中，我們計算出，目前所完成的工作，其價值為92.4(仟)。如果說李教授打算以 ES 法的預算來控制進度，則由表 8-4，我們知道第七週末的累積預算應為$125(仟元)，也就是第七週末應該完成的工作價值，而現在所完成的工作價值只有$92.4 (仟元) 所以表示進度落後，而且所使用的費用也超出預算$4.6(仟元)。故李教授應加強進度，並須從其他方面減少所超出的預算$4.6 (仟元)。

如果說李教授以 LS 法的預算來控制進度，則由表 8-5，我們知道第七週末的預算應為$103 (仟元)，也就是第七週末應該完成的工作價值，而現在所完成的工作價值只有$92.4(仟元)，故仍落後，表示李教授應加強進度，而費用超出$4.6 (仟元)，故需減少開支。

我們將上列各項表格上之資料整理後，可得例 8-4 之答案為：

(一). 各預算表及預算圖如表 8-4 及表 8-5，與圖 8-7，這些都可幫助李教授控制其預算。

(二). 目前李教授進度落後。

(三). 在費用的使用上，超出預算$4,600 元。

§8-5 CPM─要徑法

我們在前一節提到李教授之進度落後，必須趕工。這種情形是李教授本身進度控制不當所致，其趕工必須由各項工作中截長補短，以期如期完工。另外有一種趕工是原先規劃時，即有考慮到趕工的情形，以期望能提早完成計劃。這種情形，一般都需要有額外的趕工費用，因此成本會較高，但可縮短計劃完成時間。尤其我們在 8-3 節中，已看到要徑上的緊要工作是決定一個計劃能否如期完成的關鍵，因此如可減少緊要工作所需的工作時間，即可減少整個計劃的完成時限。CPM 即是增加費用趕工，以縮短工時的有效方法。

　　CPM 和 PERT 不一樣的主要地方是其和機率無關, 所有工作的完成時間與趕工時間皆假設是確定的常數。不過, 在實務上我們仍可使用期望值的方法, 算出各工作的期望完成時間, 作為其確定之完成時間。至於趕工時間, 也可取一最可能的趕工時間, 做為確定之趕工時間, 我們以例 8-5 說明之。

〈例 8-5〉

　　例 8-2 中, 在市議會委託李教授研究該計劃時, 即告知李教授該計劃必須儘快完成, 如必要可加列趕工預算。因此李教授在編製該預算時, 即加入了趕工時間與預算, 李教授使用表 8-1 中的最可能完成時間, 作為本題之正常完工時間, 並使用該題中之最早完成時間作為趕工時間。不過, 由於趕工時, 須多僱用工讀生幫忙, 因此趕工成本較高。其資料可整理如下:

工作項目	完工時間 正常	趕工	成本 (仟元) 正常	趕工
A	3	2	$15	$ 18
B	2	1	$30	$ 35
C	2	1	$40	$ 50
D	2	1	$16	$ 20
E	4	2	$36	$ 40
F	2	1	$ 6	$ 10
G	5	3	$90	$100
H	3	1	$30	$ 35

請問: (一). 本計劃最早能於何時完成? 所須費用為多少? 其各項工作開始與完成時間為何?

　　　(二). 如市議會要求在三個月內完成 (即 12 週) 共需經費多少? 其

各項工作開始與完成時間為何?

[解答]

我們現在擬使用 CPM 法, 分析本題目, 其步驟如下:

⑴. 計算每週的趕工成本

由於現在因為趕工, 成本會提高。CPM 假設由於趕工所增加的成本, 和其所減少的工作時間成線性關係。比如在本題中, 工作 E 的正常完工時間是 4 週, 趕工時間是 2 週; 而在成本上, 正常成本為$36,000, 趕工成本為$40,000。因此由於趕工所增加的成本為$40,000－$36,000＝$4,000; 而由於趕工所減少的工作時間為 4－2＝2 (週)。因此, 除原先的$36,000 外, 由於趕工所增加的成本, 每週增加 $\frac{\$4,000}{2}=\$2,000$。如果我們將其寫成公式, 則為

$$每週趕工的平均費用 = \frac{趕工成本 - 正常成本}{正常完工時間 - 趕工時間}$$

以此公式, 我們可得出各項工作每週的趕工費用, 如表 8-6。

工作項目	成本(仟元) 趕工	正常	完工時間 正常	趕工	(仟元) 每週趕工平均費用	是否為緊要?
A	$ 18	$15	3	2	$ 3	√
B	$ 35	$30	2	1	$ 5	
C	$ 50	$40	2	1	$10	√
D	$ 20	$16	2	1	$ 4	
E	$ 40	$36	4	2	$ 2	√
F	$ 10	$ 6	2	1	$ 4	
G	$100	$90	5	3	$ 5	√
H	$ 35	$30	3	1	$ 2.5	√

表 8-6 每週的趕工平均費用

表 8-6 中各項工作是否為緊要, 是由圖 8-5 要徑上之各緊要工作得來。

(2). 選出每週趕工費用為最小之緊要工作, 開始趕工, 直到無法再減少工作週數時, 再以例 8-2 中的方法重新算出新的要徑及緊要工作, 再以同樣的方法算出趕工成本等, 直到所有工作都無法再作進一步趕工為止。由於這個過程很繁雜, 我們僅舉一例子作說明。如表 8-6 中, 工作 E 之趕工費用為最少, 僅$2,000, 又是緊要工作, 所以我們首先選工作 E 為趕工目標, 這項趕工可使工作提早 2 週(因為 4-2=2 週) 完成。接著我們可選工作 H 趕工, 因為其趕工費用次高為$2,500, 也是緊要工作。這步驟可繼續作到無法再趕工為止。不過要注意的是, 很可能在做完某工作之趕工後, 原來的要徑可能會變成非要徑, 而其他非要徑反成為要徑, 故必須以例 8-2 之方法再重新計算要徑。這樣的程序, 在計算上雖簡單, 却很繁瑣, 故最好使用線性規劃模式為之。

(3). 以線性規劃法找出趕工工作項目

如前述, 逐項檢查各工作的趕工情況及計算成本, 並重複計算要徑是很繁複的事, 如題目不大尚可計算之, 如題目很大, 最好使用線性規劃法為之。我們將本題各項工作的網路圖再列示於下, 以利分析。

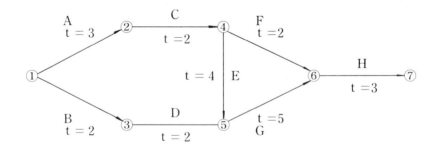

圖 8-8 例 8-5 各工作的網路圖, 其中 t 表示正常完工時間。

線性規劃法之分析步驟如下：

①設立事件變數：

　　在圖 8-8 中，我們有 7 個事件(即點①，②……⑦)。故須設立七個事件變數 x_1，x_2……x_7，x_i 表示事件 i 將發生的週數。比如 x_3 即是第三個事件將發生的週數，由於本題在第三事件後的工作僅有工作 D 一選樣，故 x_3 的數值即表示選樣開始的時間。

②設立趕工變數：

　　本題有 8 項工作，A，B……H，故須設立八個趕工變數 y_A，y_B……y_H，y_i 表示工作 i 的正常完工週數與趕工週數的差別，換言之，亦即所要減少的工作週數，比如 $y_E=1$ 表示將工作 E 的工作週數由 4 週減去 1 週成為 3 週。正常完工時間是 4 週，趕工後最快可 2 週完成，故可減少的工時為最多 2 週，故 $y_E \leq 2$。我們可將這些趕工上的限制，列出如下：

$$y_A \leq 1 \ (=3-2)$$
$$y_B \leq 1 \ (=2-1)$$
$$y_C \leq 1 \ (=2-1)$$
$$y_D \leq 1 \ (=2-1)$$
$$y_E \leq 2 \ (=4-2)$$
$$y_F \leq 1 \ (=2-1)$$
$$y_G \leq 2 \ (=5-3)$$
$$y_H \leq 2 \ (=3-1)$$

③找出網路圖之限制式：

　　本限制式須表示網路間各變數的關係。比如事件變數 $x_1=0$，因為事件 1 將發生的週數是第一週之始。而 x_2 為

$$x_2 \geq 3 - y_A + x_1$$

因為，事件 2 將發生的週數必須是工作 A 被做完後才可開始，而工作 A 可使用趕工的辦法減去 y_A。此外工作 A 的開始時間是 x_1，故可得出上

式。同理，我們可得事件 3 的限制式為

$$x_3 \geq 2 - y_B + x_1$$

因為事件 3 必須在工作 B 完成後才可開始，而工作 B 的工作週數是 $2-y_B$，且其開始的時間是 x_1。

以同樣的方式；我們可得出所有事件的限制式為

$$x_4 \geq 2 - y_C + x_2$$

$$x_5 \geq 2 - y_D + x_3$$

$$x_5 \geq 4 - y_E + x_4$$

$$x_6 \geq 2 - y_F + x_4$$

$$x_6 \geq 5 - y_G + x_5$$

$$x_7 \geq 3 - y_H + x_6$$

此外尚須加入欲完成該計劃的週數，如本題欲在 12 週內完成，故表示最後結束的事件 x_7 應 ≤ 12，故加入限制式 $x_7 \leq 12$。

④找出目標函數

我們的目的是在使工作最早完成下，成本最低。由於正常完工的費用乃是必須的，而趕工所引起的費用才是真正會增加的費用，我們必須選擇趕工的項目，以使此項趕工費用為最少。故目標函數為

min：$\$3y_A + \$5y_B + \$10y_C + \$4y_D + \$2y_E + \$4y_F + \$5y_G + \$2.5y_H$

這些每週趕工費用是由表 8-6 之每週趕工平均費用得來。

⑤寫出線性規劃模式

將上列各限制式及目標函數整理後，並將 X_1 以 0 代入，可得

min：$3y_A + 5y_B + 10y_C + 4y_D + 2y_E + 4y_F + 5y_G + 2.5y_H$

s.t.：$x_2 + y_A \geq 3$

$\qquad x_3 + y_B \geq 2$

$\qquad -x_2 + x_4 + y_C \geq 2$

$\qquad -x_3 + x_5 + y_D \geq 2$

$$-x_4 + x_5 + y_E \geqq 4$$

$$-x_4 + x_6 + y_F \geqq 2$$

$$-x_5 + x_6 + y_G \geqq 5$$

$$-x_6 + x_7 + y_H \geqq 3$$

$$x_7 \leqq K \quad (K\ \text{爲所欲完成的週數})$$

$$y_A \leqq 1$$

$$y_B \leqq 1$$

$$y_C \leqq 1$$

$$y_D \leqq 1$$

$$y_E \leqq 2$$

$$y_F \leqq 1$$

$$y_G \leqq 2$$

$$y_H \leqq 2$$

$$\text{所有}\ x_i,\ y_i \geqq 0$$

⑥以任何線性規劃電腦軟體解之

　　如欲求最早完成的日期，我們可將 K 值一直減少，直到以 LP 所跑出的結果，告知爲無解時，即表示無法再趕工了。因此最小的有解 K 值，即是可最早完成的日期。比如我們以 LP 軟體跑出本題的結果爲，當 K 設爲 8 時，該 LP 無解；而 K 設爲 9 時，仍有解，其目標函數爲$32,000。表示本計劃最早能於第 9 週時完成，需增加費用$32,000。我們將結果整理如後：

(一). 本計劃最早能於第九週後完成，所增加的趕工費用爲$32,000。加上原來正常情況下的預算$263,000，共爲$295,000。而各項工作的開始日期及其所須的工作週數如表 8-7。

(二). 本計劃如打算於第 12 週完成，所須增加趕工經費爲$12,000，加上$263,000，共須$275,000。其各項工作的開始日期與其所須的工作週數如表 8-7。

工作項目	9 週內完成計劃		12 週內完成計劃	
	開始週數	結束週數	開始週數	結束週數
A	1	2	1	2
B	1	2	1	2
C	3	3	3	4
D	4	5	5	6
E	4	5	5	6
F	4	5	5	6
G	6	8	7	11
H	9	9	12	12

表 8-7 各項工作的開始與結束週數

　　在例 8-5 中，我們以 LP 法解決 CPM 之問題，LP 以電腦解之非常迅速。雖然無 LP 軟體，仍然可以一步步的找出各緊要工作的趕工時間及成本等，但非常費時，且很易犯錯。因此建議仍使用 LP，有興趣的讀者仍須從 LP 著手學習。

§ 8-6　網路問題之其他課題

　　PERT 及 CPM 都是以網路分析的方法將整個問題組合成一個整體解決之。事實上，網路方法的應用還非常廣泛，比如最短路徑問題（Shortest path problem），最大流量問題（Maxiral flow problem）、動態規劃問題（Dynamic programming problem）、最小成本網路流量問題（Minimal cost network flow problem），或者在 LP 中所提過的運輸問題與指派問題等，都是網路應用問題。透過網路圖的介紹，可使得管理人員與分析人員的溝通更爲融洽，因爲網路圖清晰明白的流程架構，簡易明瞭，省卻了很多數學公式與符號的繁瑣，使得管理人員可以更容易的接受分析人員的解說。

　　由於篇幅所限，我們在網路問題方面，僅介紹最實用的 PERT 及 CPM。事實上，這兩種應用只使用到網路方法的小技巧。有興趣的讀者可自行參閱作業研究或者網路流量(Network flow)方面的書籍。

§8-7　本章摘要

⑴. 甘特圖及 PERT 與 CPM 網路圖之繪製。

⑵. 計劃評核術的完整介紹，包括何謂最早開始時間(ES)、最早結束時間(EF)、最晚開始時間(LS)及最晚結束時間(LF)之介紹，及要徑法的求取與於時限內完成計劃之機率計算等。

⑶. PERT／Cost 方法之應用：PERT 只能顯示計劃內各項工作的完成時間等，無成本控制之計算。而 PERT／Cost 則是 PERT 方法之改善，其將各項工作之預算與所使用的成本作比較，找出一個計劃之進行是否落後、超前及其成本控制是否得當。

⑷. CPM 與 PERT 之不同處，乃 PERT 將機率分配應用到工作時間之計算上，而 CPM 乃假設工作時間及趕工時間皆爲確定之數。利用這些確定的數據，CPM 以 LP 的方法找出在預定期限內完成整個計劃的最低成本，也可找出最快完成整個計劃所需的經費。

§8-8　作業

1. 請舉例說明甘特圖的繪製程序。

2. 敍述 PERT 及 CPM 網路圖的繪製過程。

3. PERT 可提供決策者那些資訊?

4. PERT 與 CPM 主要的差異何在?

5. 何謂事件? 何謂工作(Activity)? 何謂前置工作?

6. 敍述如何將期望值及變異數使用於 PERT 分析上?

7. 何謂最早開始時間(ES)? 最早結束時間(EF)? 最晚開始時間
(LS)? 最晚結束時間(LF)? 舉例說明其計算程序。

8. 敍述 CPM 之要點, 及其所能提供的功能。

9. 何謂寬裕時間? 應如何決定之。

10. 敍述線性規劃在 CPM 上之應用。

11. 敍述 PERT／Cost 之計劃系統。其有何用處?

12. 何謂趕工時間? 其如何使用在 CPM 上?

13. 超級顧問公司設計了一套在職訓練課程, 其各項活動間之訓練順序
與各活動所須的時間如下:

活　　動	前置工作	所須時間(天數)
A		3
B		4
C	B	1
D	B	9
E	A, D	2
F	C	6
G	E, F	8

試作：(a)請以網路圖表示此問題各項活動之關係。

　　　(b)請找出要徑(Critical path)。

14. 某建設公司將其各項建設工作所需的時間及成本分析如下。

工作	a	m	b	前置作業	總預算(萬)
	(月	數)			
A	3	5	8		$1,000
B	1	2	3		$2,500
C	2	3	4	B	$3,000
D	5	7	8	C	$1,500
E	3	6	7	A	$1,200
F	6	10	14	E	$4,500
G	10	12	15	D,F	$2,000
H	1	3	3	E	$1,600

試作：(1). 以網路圖表示此問題。

　　　(2). 算出每項工作的期望完成時間與變異數。

　　　(3). 決定每項工作之 ES、EF、LS、LF 及寬裕時間。

　　　(4). 決定要徑及該項建設計劃之完成時間。

　　　(5). 請分別計算該建設計劃在 30 個月及 40 個月內完工之機率？

　　　(6). 假設目前已過了 20 個月，而各項工作所完成的百分比如下：

工　　作	完成百分比	已使用經費
A	100％	$ 1,100
B	100％	$ 2,200
C	100％	$ 3,000
D	80％	$ 1,500
E	100％	$ 1,000
F	30％	$ 1,500
G	0％	$　　0
H	10％	$　200

請分析(a). 預算圖以使該公司可控制各月的預算。

　　　　(b). 該公司進度落後嗎?

　　　　(c). 該公司經費使用情形如何?

15. 精明顧問公司目前正負責控制一項研究計劃之進度，該計劃各項工作正常及趕工情形下所需之時間及成本如下，請問

(a). 該研究計劃之完成時間。

(b). 以線性規劃法將該計劃趕在 10 週內完成。

工　　作	正常時間	趕工時間	正常成本	趕工成本	前置工作
A	3	2	$ 1,000	$ 1,600	
B	2	1	$ 2,000	$ 2,700	
C	1	1	$　300	$　600	
D	7	3	$ 1,300	$ 1,600	A
E	6	3	$　850	$ 1,000	B
F	2	1	$ 4,000	$ 5,000	C
G	4	2	$ 1,500	$ 2,000	D, E

16. 請以 PERT 法，計算例 8-3，並回答下列問題：

　　(1). 你期望該計劃何時可完成？

　　(2). 請寫出在所期望的完成時間內，完成各項工作的最早與最晚時間？

　　(3). 在 16 週及 19 週內完成該計劃的機率爲多少？

　　(4). 請和例 8-2 比較之。

附錄 A
常態分配表

Example: To find the area under the normal curve, you must know how many standard deviations that point is to the right of the mean. Then, the area under the normal curve can be read directly from the normal table. For example, the total area under the normal curve for a point that is 1.55 standard deviations to the right of the mean is .93943.

	.00	.01	.02	.03	.04	.05	.06	.07	.08	.09
0.0	.50000	.50399	.50798	.51197	.51595	.51994	.52392	.52790	.53188	.53586
0.1	.53983	.54380	.54776	.55172	.55567	.55962	.56356	.56749	.57142	.57535
0.2	.57926	.58317	.58706	.59095	.59483	.59871	.60257	.60642	.61026	.61409
0.3	.62791	.61172	.62552	.62930	.63307	.63683	.64058	.64431	.64803	.65173
0.4	.65542	.65910	.66276	.66640	.67003	.67364	.67724	.68082	.68439	.68793
0.5	.69446	.69497	.69847	.70194	.70540	.70884	.71226	.71566	.71904	.72240
0.6	.72575	.72907	.73237	.73536	.73891	.74215	.74537	.74857	.75175	.75490
0.7	.75804	.76115	.76424	.76730	.77035	.77337	.77637	.77935	.78230	.78524
0.8	.78814	.79103	.79389	.79673	.79955	.80234	.80511	.80785	.81057	.81327
0.9	.81594	.81859	.82121	.82381	.82639	.82894	.83147	.83398	.83646	.83891
1.0	.84134	.84375	.84614	.84849	.85083	.85314	.85543	.85769	.85993	.86214
1.1	.86433	.86650	.86864	.87076	.87286	.87493	.87698	.87900	.88100	.88298
1.2	.88493	.88686	.88877	.89065	.89251	.89435	.89617	.89796	.89973	.90147
1.3	.90320	.90490	.90658	.90824	.90988	.91149	.91309	.91466	.91621	.91774
1.4	.91924	.92073	.92220	.92364	.92507	.92647	.92785	.92922	.93056	.93189
1.5	.93319	.93448	.93574	.93699	.93822	.93943	.94062	.94179	.94295	.94408
1.6	.94520	.94630	.94738	.94845	.94950	.95053	.95154	.95254	.95352	.95449
1.7	.95543	.95637	.95728	.95818	.95907	.95994	.96080	.96164	.96246	.96327
1.8	.96407	.96485	.96562	.96638	.96712	.96784	.96856	.96926	.96995	.97062
1.9	.97128	.97193	.97257	.97320	.97381	.97441	.97500	.97558	.97615	.97670
2.0	.97725	.97784	.97831	.97882	.97932	.97982	.98030	.98077	.98124	.98169
2.1	.98214	.98257	.98300	.98341	.98382	.98422	.98461	.98500	.98537	.98574
2.2	.98610	.98645	.98679	.98713	.98745	.98778	.98809	.98840	.98870	.98899
2.3	.98928	.98956	.98983	.99010	.99036	.99061	.99086	.99111	.99134	.99158
2.4	.99180	.99202	.99224	.99245	.99266	.99286	.99305	.99324	.99343	.99361
2.5	.99379	.99396	.99413	.99430	.99446	.99461	.99477	.99492	.99506	.99520
2.6	.99534	.99547	.99560	.99573	.99585	.99598	.99609	.99621	.99632	.99643
2.7	.99653	.99664	.99674	.99683	.99693	.99702	.99711	.99720	.99728	.99736
2.8	.99744	.99752	.99760	.99767	.99774	.99781	.99788	.99795	.99801	.99807
2.9	.99813	.99819	.99825	.99831	.99836	.99841	.99846	.99851	.99856	.99861
3.0	.99865	.99869	.99874	.99878	.99882	.99886	.99899	.99893	.99896	.99900
3.1	.99903	.99906	.99910	.99913	.99916	.99918	.99921	.99924	.99926	.99929
3.2	.99931	.99934	.99936	.99938	.99940	.99942	.99944	.99946	.99948	.99950
3.3	.99952	.99953	.99955	.99957	.99958	.99960	.99961	.99962	.99964	.99965
3.4	.99966	.99968	.99969	.99970	.99971	.99972	.99973	.99974	.99975	.99976
3.5	.99977	.99978	.99978	.99979	.99980	.99981	.99981	.99982	.99983	.99983
3.6	.99984	.99985	.99985	.99986	.99986	.99987	.99987	.99988	.99988	.99989
3.7	.99989	.99990	.99990	.99990	.99991	.99991	.99992	.99992	.99992	.99992
3.8	.99993	.99993	.99993	.99994	.99994	.99994	.99994	.99995	.99995	.99995
3.9	.99995	.99995	.99996	.99996	.99996	.99996	.99996	.99996	.99997	.99997

Source: Reprinted from Robert O.Schlaifer, Introduction to Statistics for Business Decisions, published by McGraw-Hill Book Company, 1961, by permission of the copyright holder, the President and Fellows of Harvard College.

附錄 B
波氏機率分配表 λ 與 e⁻λ 值

VALUES OF $e^{-\lambda}$

λ	$e^{-\lambda}$	λ	$e^{-\lambda}$
0.0	1.0000	3.1	0.0450
0.1	0.9048	3.2	0.0408
0.2	0.8178	3.3	0.0369
0.3	0.7408	3.4	0.0334
0.4	0.6703	3.5	0.0302
0.5	0.6065	3.6	0.0273
0.6	0.5488	3.7	0.0247
0.7	0.4966	3.8	0.0224
0.8	0.4493	3.9	0.0202
0.9	0.4066	4.0	0.0183
1.0	0.3679	4.1	0.0166
1.1	0.3329	4.2	0.0150
1.2	0.3012	4.3	0.0136
1.3	0.2725	4.4	0.0123
1.4	0.2466	4.5	0.0111
1.5	0.2231	4.6	0.0101
1.6	0.2019	4.7	0.0091
1.7	0.1827	4.8	0.0082
1.8	0.1653	4.9	0.0074
1.9	0.1496	5.0	0.0067
2.0	0.1353	5.1	0.0061
2.1	0.1225	5.2	0.0055
2.2	0.1108	5.3	0.0050
2.3	0.1003	5.4	0.0045
2.4	0.0907	5.5	0.0041
2.5	0.0821	5.6	0.0037
2.6	0.0743	5.7	0.0033
2.7	0.0672	5.8	0.0030
2.8	0.0608	5.9	0.0027
2.9	0.0550	6.0	0.0025
3.0	0.0498		

參考書目

1. A.S. Bean et al., *Structural and Behavioral Correlations of Implementation in U.S. Business Organizations,* Implementing Operations Research／Management Science, Schultz and Slevin, eds.(New York: American Elsevier, 1975)

2. J.E. Beasley and G. Whitchurch, *O.R. Education-A-survey of Young O.R. Workers,* Journal of Opl. Res. Soc., Vol.35, No.4, pp.281-288,1984.

3. M.P. Carter, *Detailed Findings of A Survey of O.R. Society Membership-I: Structure, Education, Functions and Cormputers,* Journal of Opl. Res. Soc. Vol.39, No.7, pp. 643 -652, 1988.

4. T. Cook & R.A. Russel, *Introduction to Management Science*，Prentice-Hall,1989, Fourth Ed.

5. G. Dantzig, *Linear Programming and Extensions,*Princeton University Press, Princeton, N.J. 1963.

6. F.J. Gould, G.D. Eppen & C.P. Schmidt,*Introductory Management Science,* Prentice-Hall,1991,Third Ed.

7. G. Forgionne, *Corporate Management Science Activities:*

*An Update,*Interfaces, 13(June 1983),pp. 20-23.

8. W. T. Morris, *Management Science, A Bayesian Introduction* Prentice-Hall, 1968.

9. B. Render & R. M. Stair, Jr., *Quantitative Analysis for Management,* Allyn and Bacon., 1991, Fourth Ed.

10. 高孔廉，《作業研究——管理決策之數量方法》，嘉德出版事業有限公司，四版。

三民大專用書書目

國父遺教

國父思想	涂 子 麟	著	中 山 大 學
國父思想	周 世 輔	著	前政治大學
國父思想新論	周 世 輔	著	前政治大學
國父思想要義	周 世 輔	著	前政治大學

法　律

中國憲法新論	薩 孟 武	著	前臺灣大學
中國憲法論	傅 肅 良	著	中 興 大 學
中華民國憲法論	管 歐	著	東 吳 大 學
中華民國憲法逐條釋義㈠～㈣	林 紀 東	著	臺 灣 大 學
比較憲法	鄒 文 海	著	前政治大學
比較憲法	曾 繁 康	著	臺 灣 大 學
美國憲法與憲政	荊 知 仁	著	政 治 大 學
國家賠償法	劉 春 堂	著	輔 仁 大 學
民法概要	鄭 玉 波	著	臺 灣 大 學
民法概要	董 世 芳	著	實 踐 學 院
民法總則	鄭 玉 波	著	臺 灣 大 學
判解民法總則	劉 春 堂	著	輔 仁 大 學
民法債編總論	鄭 玉 波	著	臺 灣 大 學
判解民法債篇通則	劉 春 堂	著	輔 仁 大 學
民法物權	鄭 玉 波	著	臺 灣 大 學
判解民法物權	劉 春 堂	著	輔 仁 大 學
民法親屬新論	黃 宗 樂 等	著	臺 灣 大 學
民法繼承新論	黃 宗 樂 等	著	臺 灣 大 學
商事法論	張 國 鍵	著	臺 灣 大 學
商事法要論	梁 宇 賢	著	中 興 大 學
公司法	鄭 玉 波	著	臺 灣 大 學
公司法論	柯 芳 枝	著	臺 灣 大

強制執行法	陳 榮 宗	著	臺 灣 大 學
法院組織法論	管 歐	著	東 吳 大 學

政治・外交

政治學	薩 孟 武	著	前臺灣大學
政治學	鄒 文 海	著	前政治大學
政治學	曹 伯 森	著	陸 軍 官 校
政治學	呂 亞 力	著	臺 灣 大 學
政治學概要	張 金 鑑	著	政 治 大 學
政治學方法論	呂 亞 力	著	臺 灣 大 學
政治理論與研究方法	易 君 博	著	政 治 大 學
公共政策概論	朱 志 宏	著	臺 灣 大 學
公共政策	曹 俊 漢	著	臺 灣 大 學
公共政策	朱 志 宏	著	臺 灣 大 學
公共關係	王 德 馨 等	著	交 通 大 學
中國社會政治史㈠～㈣	薩 孟 武	著	前臺灣大學
中國政治思想史	薩 孟 武	著	前臺灣大學
中國政治思想史（上）（中）（下）	張 金 鑑	著	政 治 大 學
西洋政治思想史	張 金 鑑	著	政 治 大 學
西洋政治思想史	薩 孟 武	著	前臺灣大學
中國政治制度史	張 金 鑑	著	政 治 大 學
比較主義	張 亞 澐	著	政 治 大 學
比較監察制度	陶 百 川	著	國 策 顧 問
歐洲各國政府	張 金 鑑	著	政 治 大 學
美國政府	張 金 鑑	著	政 治 大 學
地方自治概要	管 歐	著	東 吳 大 學
國際關係——理論與實踐	朱張碧珠	著	臺 灣 大 學
中美早期外交史	李 定 一	著	政 治 大 學
現代西洋外交史	楊 逢 泰	著	政 治 大 學

行政・管理

行政學（增訂版）	張 潤 書	著	政 治 大 學
行政學	左 潞 生	著	中 興 大 學
行政學新論	張 金 鑑	著	政 治 大 學

書名	著者		學校
行政管理學	傅肅良	著	中興大學
行政生態學	彭文賢	著	中興大學
各國人事制度	傅肅良	著	中興大學
考詮制度	傅肅良	著	中興大學
交通行政	劉承漢	著	成功大學
組織行為管理	龔平邦	著	前逢甲大學
行為科學概論	龔平邦	著	前逢甲大學
行為科學與管理	徐木蘭	著	臺灣大學
組織行為學	高尚仁	等著	香港大學
組織原理	彭文賢	著	中興大學
實用企業管理學	解宏賓	著	逢甲大學
企業管理	蔣靜一	著	逢甲大學
企業管理	陳定國	著	臺灣大學
國際企業論	李蘭甫	著	文化大學
企業政策	陳光華	著	交通大學
企業概論	陳定國	著	臺灣大學
管理新論	謝長宏	著	交通大學
管理概論	郭崑謨	著	中興大學
管理個案分析	郭崑謨	著	中興大學
企業組織與管理	郭崑謨	著	中興大學
企業組織與管理（工商管理）	盧宗漢	著	中興大學
現代企業管理	龔平邦	著	前逢甲大學
現代管理學	龔平邦	著	前逢甲大學
事務管理手冊	新聞局		編
生產管理	劉漢容	著	成功大學
管理心理學	湯淑貞	著	成功大學
管理數學	謝志雄	著	東吳大學
品質管理	戴永久	著	交通大學
可靠度導論	戴永久	著	交通大學
人事管理（修訂版）	傅肅良	著	中興大學
作業研究	林照雄	著	輔仁大學
作業研究	楊超然	著	臺灣大學
作業研究	劉一忠	著	舊金山州立大學

書名	作者		學校
系統分析	陳　　進	著	前聖瑪麗大學

社　會

書名	作者		學校
社會學	蔡文輝	著	印第安那大學
社會學	龍冠海	著	前臺灣大學
社會學	張華葆	主編	東海大學
社會學理論	蔡文輝	著	印第安那大學
社會學理論	陳秉璋	著	政治大學
社會心理學	劉安彥	著	傑克遜州立大學
社會心理學	張華葆	著	東海大學
社會心理學	趙淑賢	著	安柏拉校區
社會心理學理論	張華葆	著	東海大學
政治社會學	陳秉璋	著	政治大學
醫療社會學	廖榮利	等著	臺灣大學
組織社會學	張苙雲	著	臺灣大學
人口遷移	廖正宏	著	臺灣大學
社區原理	蔡宏進	著	臺灣大學
人口教育	孫得雄	編著	東海大學
社會階層化與社會流動	許嘉猷	著	臺灣大學
社會階層	張華葆	著	東海大學
西洋社會思想史	張承漢	等著	臺灣大學
中國社會思想史（上）（下）	張承漢	著	臺灣大學
社會變遷	蔡文輝	著	印第安那大學
社會政策與社會行政	陳國鈞	著	中興大學
社會福利行政（修訂版）	白秀雄	著	臺灣大學
社會工作	白秀雄	著	臺灣大學
社會工作管理	廖榮利	著	臺灣大學
團體工作：理論與技術	林萬億	著	臺灣大學
都市社會學理論與應用	龍冠海	著	前臺灣大學
社會科學概論	薩孟武	著	前臺灣大學
文化人類學	陳國鈞	著	中興大學

書名	著者	機構
中國現代教育史	鄭世興 著	臺灣師大大
中國大學教育發展史	伍振鷟 著	臺灣師大大
中國職業教育發展史	周談輝 著	臺灣師大大
社會教育新論	李建興 著	臺灣師大大
中國社會教育發展史	李建興 著	臺灣師大學
中國國民教育發展史	司　琦 著	政治大學
中國體育發展史	吳文忠 著	臺灣師大
如何寫學術論文	宋楚瑜 著	臺灣大學
論文寫作研究	段家鋒 等著	政戰學校 等

心理學

書名	著者	機構
心理學	劉安彥 著	傑克遜州立大學
心理學	張春興 等著	臺灣師大 等
人事心理學	黃天中 著	淡江大學
人事心理學	傅肅良 著	中興大學

經濟・財政

書名	著者	機構
西洋經濟思想史	林鐘雄 著	臺灣大學
歐洲經濟發展史	林鐘雄 著	臺灣大學
比較經濟制度	孫殿柏 著	政治大學
經濟學原理（增訂新版）	歐陽勛 著	政治大學
經濟學導論	徐育珠 著	南康涅狄克州立大學
經濟學概要	歐陽勛 等著	政治大學
通俗經濟講話	邢慕寰 著	前香港大學
經濟學（增訂版）	陸民仁 著	政治大學
經濟學概論	陸民仁 著	政治大學
國際經濟學	白俊男 著	東吳大學
國際經濟學	黃智輝 著	東吳大學
個體經濟學	劉盛男 著	臺北商專
總體經濟分析	趙鳳培 著	政治大學
總體經濟學	鐘甦生 著	西雅圖銀行
總體經濟學	張慶輝 著	政治大學
總體經濟理論	孫　震	臺灣大

書名	著（編）者		服務機關
數理經濟分析	林大侯	著	臺灣大學
計量經濟學導論	林華德	著	臺灣大學
計量經濟學	陳正澄	著	臺灣大學
經濟政策	湯俊湘	著	中興大學
合作經濟概論	尹樹生	著	中興大學
農業經濟學	尹樹生	著	中興大學
工程經濟	陳寬仁	著	中正理工學院
銀行法	金桐林	著	銀行
銀行法釋義	楊承厚	著	銘傳管理學院
商業銀行實務	解宏賓	編著	中興大學
貨幣銀行學	何偉成	著	中正理工學院
貨幣銀行學	白俊男	著	東吳大學
貨幣銀行學	楊樹森	著	文化大學
貨幣銀行學	李穎吾	著	臺灣大學
貨幣銀行學	趙鳳培	著	政治大學
現代貨幣銀行學	柳復起	著	新南威爾斯大學
現代國際金融	柳復起	著	新南威爾斯大學
國際金融理論與制度（修訂版）	歐陽勛等	編著	政治大學
金融交換實務	李麗	著	中央銀行
財政學	李厚高	著	逢甲大學
財政學（修訂版）	林華德	著	臺灣大學
財政學原理	魏萼	著	臺灣大學
商用英文	張錦源	著	政治大學
商用英文	程振粵	著	臺灣大學
貿易契約理論與實務	張錦源	著	政治大學
貿易英文實務	張錦源	著	政治大學
信用狀理論與實務	蕭啟賢	著	輔仁大學
信用狀理論與實務	張錦源	著	政治大學
國際貿易	李穎吾	著	臺灣大學
國際貿易實務詳論	張錦源	著	政治大學
國際貿易實務	羅慶龍	著	逢甲大學

國際貿易理論與政策（修訂版）	歐陽勛等編著	政 治 大 學
國際貿易政策概論	余 德 培 著	東 吳 大 學
國際貿易論	李 厚 高 著	逢 甲 大 學
國際商品買賣契約法	鄧 越 今 編著	外 貿 協 會
國際貿易法概要	于 政 長 著	東 吳 大 學
國際貿易法	張 錦 源 著	政 治 大 學
外匯投資理財與風險	李 麗 著	中 央 銀 行
外匯、貿易辭典	于 政 長 編著 張 錦 源 校訂	東 吳 大 學 政 治 大 學
貿易實務辭典	張 錦 源 編著	政 治 大 學
貿易貨物保險（修訂版）	周 詠 棠 著	中央信託局
貿易慣例	張 錦 源 著	政 治 大 學
國際匯兌	林 邦 充 著	政 治 大 學
國際行銷管理	許 士 軍 著	新加坡大學
國際行銷	郭 崑 謨 著	中 興 大 學
行銷管理	郭 崑 謨 著	中 興 大 學
海關實務（修訂版）	張 俊 雄 著	淡 江 大 學
美國之外匯市場	于 政 長 譯	東 吳 大 學
保險學（增訂版）	湯 俊 湘 著	中 興 大 學
人壽保險學（增訂版）	宋 明 哲 著	德 明 商 專
人壽保險的理論與實務	陳 雲 中 編著	臺 灣 大 學
火災保險及海上保險	吳 榮 清 著	文 化 大 學
市場學	王 德 馨 等著	中 興 大 學
行銷學	江 顯 新 著	中 興 大 學
投資學	龔 平 邦 著	前逢甲大學
投資學	白 俊 男 等著	東 吳 大 學
海外投資的知識	葉 雲 鎮 等譯	
國際投資之技術移轉	鍾 瑞 江 著	東 吳 大 學

會計 · 統計 · 審計

銀行會計（上）（下）	李 兆 萱 等著	臺 灣 大 學等
初級會計學（上）（下）	洪 國 賜 著	淡 水 工 商
中級會計學（上）（下）	洪 國 賜 著	淡 水 工 商
中等會計（上）（下）	薛 光 圻 等著	西 東 大 學等

書名	作者		服務機構
會計辭典	龍毓珊	譯	臺灣大學
會計學（上）（下）	幸世間	著	臺灣大學
會計學題解	幸世間	著	臺大商學
成本會計（上）（下）	洪國賜	著	淡水工商
成本會計	盛禮約	著	淡水工商
政府會計	李增榮	著	政治大學
政府會計	張鴻春	著	臺灣大學
稅務會計	卓敏枝	等著	臺灣大學等
財務報表分析	洪國賜	等著	淡水工商等
財務報表分析	李祖培	著	中興大學
財務管理	張春雄	著	政治大學
財務管理（增訂新版）	黃柱權	著	政治大學
商用統計學（修訂版）	顏月珠	著	臺灣大學
商用統計學	劉一忠	著	舊金山州立大學
統計學（修訂版）	柴松林	著	政治大學
統計學	劉南溟	著	前臺灣大學
統計學	張浩鈞	著	臺灣大學
統計學	楊維哲	著	臺灣大學
統計學	顏月珠	著	臺灣大學
統計學題解	顏月珠	著	臺灣大學
推理統計學	張碧波	著	銘傳管理學院
應用數理統計學	顏月珠	著	臺灣大學
統計製圖學	宋汝濬	著	臺中商專
統計概念與方法	戴久永	著	交通大學
審計學	殷文俊	等著	政治大學
商用數學	薛昭雄	著	政治大學
商用數學（含商用微積分）	楊維哲	著	臺灣大學
線性代數（修訂版）	謝志雄	著	東吳大學
商用微積分	何典恭	著	淡水工商
微積分	楊維哲	著	臺灣大學
微積分（上）（下）	楊維哲	著	臺灣大學
大二微積分	楊維哲	著	臺灣大學

書名	著者		出版
大眾傳播與社會變遷	陳世敏	著	政治大學
組織傳播	鄭瑞城	著	政治大學
政治傳播學	祝基瀅	著	政治大學
文化與傳播	汪琪	著	政治大學

歷史·地理

書名	著者		出版
中國通史（上）（下）	林瑞翰	著	臺灣大學
中國現代史	李守孔	著	臺灣大學
中國近代史	李守孔	著	臺灣大學
中國近代史	李雲漢	著	政治大學
中國近代史（簡史）	李雲漢	著	政治大學
中國近代史	古鴻廷	著	東海大學
隋唐史	王壽南	著	政治大學
明清史	陳捷先	著	臺灣大學
黃河文明之光	姚大中	著	東吳大學
古代北西中國	姚大中	著	東吳大學
南方的奮起	姚大中	著	東吳大學
中國世界的全盛	姚大中	著	東吳大學
近代中國的成立	姚大中	著	東吳大學
西洋現代史	李邁先	著	臺灣大學
東歐諸國史	李邁先	著	臺灣大學
英國史綱	許介鱗	著	臺灣大學
印度史	吳俊才	著	政治大學
日本史	林明德	著	臺灣師大
日本現代史	許介鱗	著	臺灣師大
近代中日關係史	林明德	著	臺灣師大
美洲地理	林鈞祥	著	臺灣師大
非洲地理	劉鴻喜	著	臺灣師大
自然地理學	劉鴻喜	著	臺灣師大
地形學綱要	劉鴻喜	著	臺灣師大
聚落地理學	胡振洲	著	中興大學
海事地理學	胡振洲	著	中興大學
經濟地理	陳伯中	著	前臺灣大學
都市地理學	陳伯中	著	前臺灣大學